N.V.S SUPRIYA

Impacto dos fungos AM no stress causado pela seca em plântulas de anona

N.V.S SUPRIYA

Impacto dos fungos AM no stress causado pela seca em plântulas de anona

Imprint

Any brand names and product names mentioned in this book are subject to trademark, brand or patent protection and are trademarks or registered trademarks of their respective holders. The use of brand names, product names, common names, trade names, product descriptions etc. even without a particular marking in this work is in no way to be construed to mean that such names may be regarded as unrestricted in respect of trademark and brand protection legislation and could thus be used by anyone.

Cover image: www.ingimage.com

This book is a translation from the original published under ISBN 978-620-7-46775-4.

Publisher:
Sciencia Scripts
is a trademark of
Dodo Books Indian Ocean Ltd. and OmniScriptum S.R.L publishing group

120 High Road, East Finchley, London, N2 9ED, United Kingdom
Str. Armeneasca 28/1, office 1, Chisinau MD-2012, Republic of Moldova, Europe
Printed at: see last page
ISBN: 978-620-7-94215-2

Conteúdo

RECONHECIMENTO

É com grande prazer que reconheço as minhas dívidas para com aqueles que contribuíram imensamente para o sucesso da minha investigação. Antes de mais, gostaria de agradecer a Deus pela sabedoria e perseverança que me concedeu durante esta investigação e ao longo da vida.

Com grande reverência, exprimo o meu mais caloroso sentimento de gratidão, os meus sinceros e sentidos agradecimentos à Presidente do meu Comité Consultivo, **Dra. M. Madhavi**, Reitora Associada, Professora e Directora do Departamento de Fruticultura da Faculdade de Horticultura de Venkataramannagudem, pelo seu encorajamento e apoio moral que me deu, bem como pela sua orientação inspiradora, competência científica, crítica construtiva, encorajamento constante e cooperação sincera na preparação deste manuscrito.

É com grande prazer que exprimo os meus sinceros agradecimentos e o meu mais profundo sentido de gratidão ao **Dr. P. Vinaya Kumar Reddy**, Professor Assistente, Departamento de Fruticultura, COH, Venkataramannagudem e membro do meu comité consultivo, por me ter orientado ao longo do tempo e pelo constante encorajamento que me deu em todas as fases da preparação da tese.

Registo os meus sinceros agradecimentos ao membro do meu comité consultivo, **Dr. P. Subbaramamma**, Professor Associado, Departamento de Fisiologia Vegetal, COH, Venkataramannagudem, pelos seus valiosos comentários e sugestões úteis durante o curso da minha investigação.

As palavras são instrumentos de expressão, mas falham miseravelmente quando se trata de agradecer à **Dra. P. Rama Devi**, Professora e Directora do Departamento de Patologia Vegetal, COH, Venkataramannagudem, pela sua leitura amável, aconselhamento, encorajamento, sugestões valiosas e orientação crítica construtiva durante o meu curso de investigação e pela correção meticulosa deste manuscrito.

Estou profundamente grato ao **Dr. U. Shiva Kumar**, Professor Assistente, Departamento de Ciência do Solo, COH, Venkataramannagudem, pelo seu apoio e valiosas sugestões durante o curso dos meus estudos e investigação.

Expresso os meus mais sinceros agradecimentos à **Dra. K. Uma Jyothi**, antiga reitora de estudos de pós-graduação e à **Dra. S. Surya Kumari**, reitora de estudos de pós-graduação da Universidade de Horticultura Y. S. R., pela sua ajuda na disponibilização de instalações para este trabalho de investigação.

Gostaria de agradecer ao meu pai **Sri N.V.V.N. Prasad** pela sua dedicação em educar-me a mim e ao meu irmão até este nível. Sinto-me numa rara oportunidade de exprimir a minha gratidão à minha mãe **Smt.Sakuntala Devi** pelo seu amor e afeto incondicionais para comigo. É a altura certa para expressar os meus agradecimentos especiais ao meu irmão mais novo, **N. Hari Hemanth**, pelo seu apoio e amor.

As palavras não são dignas de mencionar o amor, o afeto e o carinho do meu tio **Sri N. Srinivas Rao**, que moldou a minha vida, me inspirou e proporcionou oportunidades e assistência valiosas na construção da minha carreira educativa.

É com imenso prazer e alegria que exprimo o meu profundo afeto e gratidão aos meus avós **Smt. Pusphavalli, Sri.I. Venkateswara Rao, Smt. Kalavathi** e às minhas tias **Smt. Madhumati, Smt. Vandana, Smt. Gangabhavani**, membros da minha família.

Agradeço também muito especialmente à minha **mãe Sunitha** pela sua interminável ajuda durante a minha investigação.

É com alegria que exprimo os meus sentimentos, agradecendo às minhas queridas e amáveis amigas **Shafiya, Chandana e Devi** pelo seu apoio e inspiração ao longo da investigação e do estudo.

É chegado o momento de exprimir os meus agradecimentos especiais às minhas amigas **Glory, Deepthi, Kavya, Surekha, Padma, Gopika, Gladis, Pooja, Srinivas, Joshi** e às minhas adoráveis alunas **Apsara, Sreelatha, Karthik, Priya**, que estão no meu coração pela sua excelente companhia e afeto caloroso, e a outras pessoas que não são mencionadas nesta página pela ajuda que me prestaram durante o curso da minha investigação, pela sua companhia alegre, apoio moral inestimável, imaculado.

(NEDUNURI VALLI SAI SUPRIYA)

RESUMO

A presente investigação intitulada "Efeito dos fungos AM no crescimento, absorção de nutrientes, adaptação fisiológica e bioquímica de mudas de anona (*Annona squamosa* L.)" foi realizada no Centro de Excelência para Cultivo Protegido (CEPC), Dr. Y.S.R Horticultural University, Venkataramannagudem, West Godavari de dezembro de 2021 a maio de 2022. O estudo foi realizado em duas experiências.

O experimento I foi conduzido em Delineamento Inteiramente Casualizado (DIC) com quatro tratamentos (inoculação de *G. fasiculatum* @ 3g, *G. leptotichum* @ 3g, *G. fasiculatum* @ 1,5 g + *G. leptotichum* @ 1,5 g e não micorrízico) e cinco repetições.

A aplicação conjunta de *G. fasiculatum* e *G. leptotichum* @ 1,5 g cada resultou numa melhoria significativa da altura das plântulas, número de folhas por plântula, diâmetro do caule, comprimento da raiz, número de raízes por plântula, peso fresco do rebento e da raiz, peso seco do rebento e da raiz, dependência micorrízica, conteúdo total de clorofila, relação raiz/ rebento e absorção de nutrientes (N,P,K).

O experimento II foi realizado em um projeto fatorial completamente aleatório (FCRD), compreendendo doze combinações de tratamento com três repetições contendo dois fatores, *ou seja,* tratamentos com fungos AM em quatro níveis (inoculação de mistura de vasos de *G. fasiculatum* @ 3g, *G. leptotichum* @ 3g, *G. fasiculatum* @ 1,5 g + *G. leptotichum* @ 1,5 g e não micorrízico) e condição de estresse hídrico em três níveis (0 dias, 10 dias e 20 dias).

O estudo da experiência II revelou que foi observada uma diferença significativa entre as espécies de fungos AM, os tratamentos em condições de stress hídrico e a sua interação nos parâmetros morfológicos, fisiológicos e bioquímicos e no teor de nutrientes. Entre os tratamentos em estudo, a aplicação conjunta de *G. fasiculatum* e *G. leptotichum* @ 1,5 g cada, a condição de stress hídrico (0 dias) e a combinação destes dois tratamentos tiveram o melhor desempenho no que diz respeito a diferentes parâmetros morfológicos, *a saber* comprimento da raiz; parâmetros fisiológicos *viz.,* taxa de fotossíntese, condutância estomática, conteúdo relativo de água, colonização de fungos AM, conteúdo de prolina, clorofila a, clorofila b, conteúdo total de clorofila e conteúdo de nutrientes da muda *viz.,* N, P, K, Ca, Mg, Cu, Zn.

A partir dos cinco meses de estudo realizados na experiência I, pode concluir-se que a aplicação conjunta de espécies de fungos AM, *ou seja,* G. *fasiculatum* e G. *leptotichum* @ 1,5 g cada, registou resultados superiores em termos de parâmetros de crescimento e absorção de nutrientes pelas plântulas de anona. Os resultados do experimento II indicaram que o melhor desempenho foi observado pelas espécies de fungos AM, *ou seja,* G. *fasiculatum* e G. *leptotichum* @ 1,5 g cada, condição de estresse hídrico por (0 dias) e combinação desses dois tratamentos com relação ao conteúdo de nutrientes, parâmetros morfológicos, fisiológicos e bioquímicos das mudas de anona.

Capítulo I

INTRODUÇÃO

A *anona* (*Annona squamosa* L.) é uma importante cultura de frutos menores cultivada em condições climáticas tropicais e subtropicais. É uma espécie diploide com 2n=14 e pertence à família Annonaceae, que consiste em aproximadamente 135 géneros e 2300 espécies. Dos 135 géneros, apenas três géneros, *nomeadamente Annona, Rollinia* e *Asimina,* produzem frutos comestíveis. Entre eles, dois géneros têm importância comercial, nomeadamente *Annona* e *Rollinia*, que incluem cerca de 100 e 50 espécies, respetivamente. As principais espécies comerciais do género *Annona* são *A.cherimola* Mill, *A. squamosa* L, *A. muricata* L, *A. reticulata* e *A. glabra.* (George e Nissen, 1993) Na Índia, é cultivada em Andhra Pradesh, Bihar, Madhya Pradesh, Maharashtra, Gujarat, Rajasthan e Odisha numa área de 48 mil hectares com uma produção de 435 mil toneladas (Anon, 2021).

A macieira-preta atinge uma altura de 1,5 a 2 metros. Tem um sistema radicular ramificado. As folhas são oblongas, com 12-14 cm de comprimento e 2-4 cm de largura, dispostas alternadamente em pecíolos curtos, as folhas jovens são ligeiramente peludas, e ocorrem cristais solitários e agrupados nas células epidérmicas (Kumar *et al.*, 2005). As flores são peniciladas, actinomorfas, protogínicas, espirocíclicas e bissexuais (Olesen e Muldoon, 2012). As árvores começam a dar frutos aos 3-4 anos de idade. Na Índia, os frutos são produzidos em julho-agosto. A polpa do fruto é semelhante a um creme, granulosa e doce, com um sabor agradável e um aroma suave, tendo uma aceitação universal. A casca é espessa, com segmentos nodosos, mas ao amadurecer torna-se macia e abre-se, libertando um aroma doce. Um fruto médio contém 30 a 40 sementes de cor preta ou castanha escura. A polpa do fruto é rica em fibras e contém muitos nutrientes valiosos, *nomeadamente* ferro, cálcio, potássio, magnésio, fósforo, zinco, cobre e vitaminas A, B e C. Possui propriedades antioxidantes, anticancerígenas e antimicrobianas. Há uma grande procura de anona como fruta de mesa, para além da sua utilização na preparação de vários produtos transformados, como geleia, compota, sorvete, xarope, bebidas fermentadas, gelado e pudim, *etc*.

A anona é uma espécie tropical de terras baixas ou marginalmente subtropical e é geralmente cultivada até uma altitude de 900 m em relação ao nível do mar. O inverno moderado e a elevada humidade durante o pico da floração aumentam consideravelmente a produção de frutos. A necessidade óptima de precipitação é de 60-80 cm. É recomendado para áreas com condições de stress de humidade para aumentar a utilidade dessas áreas. Cresce numa grande variedade de solos com bom arejamento e sem condições de alagamento. No entanto, os solos férteis, bem drenados e de textura franco-arenosa, com um pH neutro a ligeiramente ácido, proporcionam melhores resultados.

A anona é resistente, tolerante à seca, à salinidade e à água salina de rega até certo ponto. Cresce muito bem mesmo em solos pouco profundos. Também perde as folhas durante o período de stress para minimizar a perda de água dos tecidos da planta através do processo de transpiração e é uma cultura frutífera mais adequada para áreas de sequeiro.

A seca é um stress abiótico que tem um efeito drástico no crescimento e desenvolvimento das plantas, especialmente na fase de plântula. A seca na fase de plântula foi identificada como o fator desencadeador de eventos generalizados de mortalidade de plantas em todo o mundo (Martin, 2017). Sendo resistente, a anona cresce bem em culturas de sequeiro. Mas o seu crescimento e desenvolvimento são severamente afectados por vezes em situações de seca devido à receção de precipitação irregular e à prevalência de temperaturas elevadas. A simbiose dos fungos micorrízicos com as raízes das plantas tem sido associada a um maior crescimento e desenvolvimento das plantas (Hall, 1988) e a um maior teor de P nos tecidos (Johnson e Hummel, 1985). Também foram observados níveis mais elevados de K, Ca, S, Mn e Zn em rosas micorrizadas do que em rosas não micorrizadas *(Rosa multiflora* L.) cultivadas em regimes de baixa fertilidade (Davies, 1987). A micorriza arbuscular pode aumentar a resistência à seca das plantas hospedeiras (Nelson e Safir, 1985). As hifas extra radicais podem influenciar a arquitetura da rizosfera e melhorar a dinâmica hídrica da planta hospedeira (Hardie, 1985). Até agora, foram propostos vários mecanismos para explicar a proteção contra a seca pelos fungos AM, tais como alterações nos níveis de hormonas vegetais (Goicoechea *et al.*, 1995), aumento da fotossíntese (Ruiz *et al.*, 1996), aumento da atividade das enzimas envolvidas na defesa anti-oxidante (Ruiz *et al.*, 1996), aumento da absorção de água através da melhoria da condutividade hidráulica e aumento da condutância foliar e da atividade fotossintética (Dell *et al.*, 2002), ajustamento osmótico e alterações na elasticidade da parede celular (Auge *et al.*, 1986).

Embora a relação entre os fungos AM e as suas plantas hospedeiras seja geralmente considerada não específica, esta relação é fortemente regulada tanto a nível estrutural como fisiológico. A falta de especificidade resulta numa variação considerável nas respostas simbióticas (Ianson e Linderman, 1991). O conhecimento das relações específicas entre plantas e fungos é importante para a utilização bem sucedida dos fungos AM em condições particulares. A variabilidade dentro dos endófitos e as diferentes estratégias simbióticas que ocorrem em resposta ao stress de seca, bem como a compatibilidade com diferentes condições ambientais, sugerem que pode ser possível selecionar espécies de fungos eficazes. Um organismo eficiente é um organismo cujos processos fisiológicos e bioquímicos são tais que pode lidar com sucesso com condições ambientais limitantes (Smith e Gianinazzi, 1988). Geralmente, o declínio da taxa de assimilação de CO_2 associado a uma redução do estado hídrico da folha tem sido atribuído principalmente ao fecho dos estomas e ao consequente aumento da resistência epidérmica da folha. A transpiração é normalmente suprimida pelo stress hídrico em simultâneo com a supressão da fotossíntese. Assim, as capacidades particulares dos endófitos AM para alterar os parâmetros fisiológicos das plantas que aumentam a adaptação a um baixo teor de água no solo podem fornecer critérios adequados para a seleção de inoculantes. Em geral, foram realizados trabalhos muito limitados e dispersos sobre a influência de espécies de fungos AM, *nomeadamente Glomus fasiculatum* e *Glomus leptotichum,* no crescimento, na absorção de nutrientes e em várias alterações morfológicas, fisiológicas e bioquímicas em culturas frutícolas sob condições de stress hídrico.

Tendo em conta os aspectos acima referidos, foram realizadas investigações para estudar o efeito dos fungos AM, *G. fasiculatum* e *G. leptotichum,* no crescimento de plântulas de *anona* (*Annona squamosa* L.) com os seguintes objectivos

1. Conhecer o efeito dos FMA, *nomeadamente G. fasiculatum* e *G. leptotichum,* no crescimento de plântulas de anona.

2. Conhecer o efeito dos FMA, *nomeadamente G. fasiculatum* e *G. leptotichum,* na absorção de nutrientes pelas plântulas de anona.

3. Conhecer o efeito dos FMA, *G. fasiculatum* e *G. leptotichum,* em várias alterações morfológicas, fisiológicas e bioquímicas em plântulas de anoneira sob condições de stress hídrico.

Capítulo II

REVISÃO DA LITERATURA

A literatura relativa ao "Efeito dos fungos AM no crescimento, absorção de nutrientes, adaptação fisiológica e bioquímica das plântulas de anoneira (*Annona squamosa* L.)" foi revista neste capítulo. A literatura disponível mostrou que foram realizados muito poucos trabalhos de investigação sobre este aspeto na anoneira. Por conseguinte, a literatura relativa a outras culturas frutícolas e hortícolas relevantes foi revista sob os seguintes títulos:

2.1 Efeito do FMA no crescimento das plântulas.

2.2 Efeito do FMA na absorção de nutrientes pelas plântulas.

2.3 Efeito do FMA em várias alterações morfológicas, fisiológicas, bioquímicas e de absorção de nutrientes em plântulas sob condições de stress hídrico.

2.4 EFEITO DA AMF NO CRESCIMENTO DAS PLÂNTULAS

Ramirez *et al.* (1975) relataram que mudas de mamão cv. Solo com 15 dias de idade inoculadas com *Gigaspora calospora*, *Gigaspora heterogana*, *Glomus macrocarpus* de 25 gramas eram significativamente mais altas após 40 dias de inoculação quando comparadas ao controle não inoculado (8,80cm).

Shanmugam *et al.* (1981) observaram que ambos os fungos VAM *Glomus mosseae* @ 5 g e *Glomus etunicatus* @ 5 g por plântula aumentaram significativamente a altura do rebento (50,3 cm), a espessura do caule (2,13 mm), o número de folhas (49,5), o comprimento da raiz (51,3 cm), o peso da raiz (5,1 g) e o peso do rebento (12,1 g), quando inoculados em plântulas de lima ácida com um ano de idade, em comparação com o controlo. Além disso, relataram que, entre os dois métodos de aplicação do VAM, a inoculação superior foi melhor do que a inoculação inferior (zona radicular).

Chandrababu e Shanmugam (1983) relataram que a altura (60,12 cm) e a circunferência do caule (3,34 mm) de mudas de citros com nove meses de idade eram consideravelmente maiores em plantas cultivadas em solo inoculado com *Glomus mosseae* @ 3 g e *G. etunicatus* @ 3 g do que em solo não inoculado.

As raízes das bananeiras micropropagadas foram colonizadas por *Glomus* spp. de *G. mosseae*, *G. fasciculatum* e *G. etanicatum* @ 10g por vaso. O crescimento de bananeiras colonizadas por fungos AM em meios de cultura autoclavados mostrou um peso seco total significativamente mais elevado (3 g), diâmetro do pseudocaule (1,87 mm) e altura da planta (8 cm) do que os que foram cultivados em meios de cultura não autoclavados. O crescimento das plantas micorrizadas foi sempre melhor do que o dos meios de cultura não inoculados (Lin e Chang, 1987).

Dixon *et al.* (1988 a) relataram que mudas de *Citrus jambhiri* inoculadas com simbiontes fúngicos exibiram abundante desenvolvimento de fungos AM (*G. mosseae*, *G. fasciculatum* e *G. etunicatum*) após 105 dias de inoculação e influenciaram significativamente o peso seco total das mudas (9,67 g).

Giao e Nham (1988) realizaram uma experiência sobre o uso de micorrizas no viveiro para a produção de amostras de pinheiro de melhor qualidade e descobriram que as plantas micorrizadas deram um aumento de 7-10 vezes na taxa de crescimento de amostras de pinheiro (base de peso seco) em comparação com o controlo (cultivado em solo sem fungos micorrizados).

Sukhada (1988) inoculou plantas de mamão com fungos VAM, *Glomus fasciculatum* e *G. mosseae* @ 10 g por vaso e encontrou um aumento significativo na altura (20,34 cm), matéria seca (5,31g), em todos os níveis de fósforo. As diferenças foram mais pronunciadas na dose de 1/4 de fósforo.

Villafane *et al.* (1989) relataram que a inoculação de mudas de *Citrus reshni* e *Citrus jambhiri* com *Acaulospora longulata, Entrophosphora colombiana* e *Glomus manihotis* @ 10 g resultou em melhor crescimento das árvores. *G. manihotis* deu os melhores resultados, seguido pela mistura de *A. longulata* e *E. colombiana.*

Vinayak e Bagyaraj (1990 a) referiram que a altura da planta (6 cm), o número de folhas (14), a circunferência do caule (3,5 mm), o rebento (4,5 g) e a biomassa da raiz (2,93 g) de laranja trifoliada inoculada com diferentes fungos micorrízicos @ 5 g foram superiores em comparação com o controlo não inoculado.

Mazzitelli e Schubert (1990) relataram que as plântulas de videira inoculadas com oito endófitos VAM @ 3 g mostraram um crescimento melhorado das plantas em termos de altura (15,5 cm), perímetro do caule (3,5 mm) das plântulas em relação aos controlos não inoculados.

Parra *et al.* (1990a) conduziram um experimento com mudas de café de dois meses de idade que foram inoculadas com *Glomus manihotis, Entrophospora colombiana* e *Acaulospora myriocarpa a* 15 g por vaso. Após 5 meses de inoculação, foi registado o maior teor de matéria seca (15 g) e número de folhas (22) nas plântulas inoculadas.

Reena e Bagyaraj (1990 a) inocularam plântulas *de Tamarindus indica* com 13 fungos VAM @15 g por vaso. As plantas inoculadas registaram maior altura de planta (17,63 cm), número de folhas (23) e perímetro do caule (2,95 cm).

Sivaprasad *et al.* (1990) observaram que numa experiência em vaso com mandioca inoculada com *Glomus fasciculatum* @ 5g deu a maior altura de planta (23 cm), rebento (5g) e peso seco de raiz (2,98g).

Declerk *et al.* (1994a) relataram que plantas de bananeira micropropagadas quando inoculadas com *Glomus mosseae* @ 2,5 g e *G. geosporum* @ 2,5 g resultaram em maior peso fresco (3,6g) e peso seco de brotos (0,98g) particularmente, para *G. mosseae.*

Shirsath *et al.* (1998) realizaram uma experiência em condições de estufa para verificar a possibilidade de desenvolvimento de plântulas micorrízicas de bérberis *(Zizypus mauritiana* L.) através da inoculação de diferentes fungos micorrízicos VA, individualmente ou em combinação. A inoculação combinada de *Acaulospora calospora + Glomus mosseae + Gigaspora margarita* e a inoculação única de *G mosseae* foram superiores no aumento do peso seco das plântulas de bérberis em comparação com os restantes tratamentos de inoculação.

Thaker e Jasrai (2002) realizaram uma experiência para estudar o crescimento da banana micropropagada com fungos AM. As plântulas de bananeira regeneradas através de cultura de ponta de rebento foram submetidas ao procedimento de endurecimento de rotina. Um conjunto de plântulas recebeu um consórcio de fungos AM (5 g) na sua rizosfera e o outro conjunto foi tratado como controlo. Foram mantidas condições adequadas, como temperatura e humidade, para as plântulas sujeitas a endurecimento durante a experiência. Vários parâmetros, incluindo o teor de clorofila das folhas (1,45 g/peso fresco) e a percentagem de colonização da raiz (93,1%) pelo VAM, foram registados como mais elevados nas plantas VAM.

Mathews *et al.* (2003) efectuaram uma investigação no laboratório de cultura de tecidos e na unidade de estufa do departamento de Horticultura durante 1998-2000. Plântulas micropropagadas de cultivares de banana Dwarf Cavendish e Robusta foram inoculadas durante a fase de endurecimento secundário com fungos micorrízicos arbusculares. Todos os fungos AM aumentaram o crescimento de ambas as cultivares, mas a influência positiva dos fungos foi mais evidente para as plântulas de Dwarf Cavendish inoculadas com *G.fasciculatum*. Os fungos micorrízicos colonizaram fortemente o sistema radicular de ambas as cultivares. As plântulas de ambas as cultivares inoculadas com *G. fasciculatum* exibiram maior altura de plântula (60,7% sobre o controlo), área foliar (2,2 vezes sobre o controlo), para além da circunferência do psuedostem (39,6% e sobre o controlo). A associação simbiótica também aumentou a concentração de P na parte aérea. Assim, a formação de micorriza parece ser o fator chave para melhorar o vigor e o crescimento das bananeiras micropropagadas, o que ajuda no processo de aclimatação.

Santosh *et al.* (2004) efectuaram uma experiência em viveiro para estudar a resposta da manga a bio-formulações. Relataram que o aumento do vigor e do crescimento dos porta-enxertos se deveu à inoculação com espécies AM em comparação com as não inoculadas.

Joolka *et al.* (2004) observaram um maior crescimento linear e radial, comprimento inter-nodal, número de folhas, peso seco de rebentos, relação raiz- rebento em plântulas de noz pecan inoculadas com FMA.

Aseri *et al.* (2005) registaram a área foliar máxima (419,1, 131,6 e 292,9 cm^2 por planta) de baga, aonla e romã, respetivamente, quando as plantas foram duplamente inoculadas com *Azospirullum chroococcum + Glomus mosseae*.

Jinying *et al.* (2007) referiram que a inoculação com VAM tinha aumentado significativamente o crescimento das plantas em termos de altura, área foliar, massa fresca e seca, melhorou o conteúdo relativo de água nas folhas, a taxa fotossintética, a taxa de transpiração, a condutância estomática e melhorou a tolerância à seca em plântulas de jujuba selvagem.

Oijha *et al.* (2008) relataram que todos os parâmetros de crescimento, como altura da planta, comprimento das raízes, peso fresco e seco das plantas, foram significativamente mais elevados nas mudas inoculadas com VAM do que nas mudas de anona não inoculadas.

Raj e Sharma (2009) referiram que as plântulas de macieira cultivadas em solo solarizado e tratadas com fungos micorrízicos arbusculares e *Azotobacter chrococcum* aumentaram o comprimento dos rebentos do que nas parcelas não tratadas.

Sharda e Rodrigues (2009) realizaram um estudo sobre a micorrização de mudas de *Carica papaya cv.* Surya. O experimento incluiu mudas não inoculadas, mudas inoculadas com *Glomus intraradices, Glomus mosseae* e inóculos mistos (*Glomus intraradices + Glomus mosseae*). Foi observado um aumento nos parâmetros de crescimento, *como* altura da planta (45,2 cm), circunferência do caule (3,44 mm), área foliar (58,76 cm^2) e comprimento da raiz (26 cm) nas mudas inoculadas com *Glomus mosseae.*

As plântulas de citrinos inoculadas com inóculo localizado de fungos AM e *Azospirullum* mostraram respostas de crescimento significativamente melhores do que o controlo não inoculado (Sharma *et al.,* 2009). Os tratamentos de *Glomus fasciculatum (Gf1)* e *Azospirullum isolates-1 (AZ1)* aumentaram significativamente a altura e a área foliar das plântulas de citrinos em comparação com o controlo.

Eftekhari *et al.* (2010) realizaram uma experiência para estudar o efeito dos fungos micorrízicos arbusculares na videira (*Vitis vinifera* L.) na fase de viveiro para o estudo. Foram utilizadas estirpes de fungos micorrízicos *Glomus intraradious, G. mosseae, G. fasciculatum* e uma mistura dos mesmos) e a experiência foi investigada em condições de estufa. Os parâmetros de crescimento, como o comprimento máximo da videira (20,45 cm) e o teor total de clorofila (3,34g/peso fresco), foram máximos no tratamento misto com FMA.

Foi conduzida uma experiência de cultura em vaso utilizando solo esterilizado para estudar o efeito de fungos micorrízicos VA, *nomeadamente Glomus epigaeum, Glomus mosseae* e *Gigaspora calospora* e a sua combinação no crescimento e colonização de raízes de plântulas de manga (var. local). Foram administrados 50 ml de inoculação por vaso. A inoculação combinada de três fungos VA-micorrízicos foi superior a todos os tratamentos de inoculação no registo da altura da planta (29,08 cm), número de folhas (15,72), comprimento da raiz (16,49 cm), peso seco do rebento e da raiz (2,85 g e 1,94 g respetivamente). A percentagem de colonização da raiz VAM nas plântulas de manga aumentou de 58,82 para 73,89 por cento em relação às plântulas não micorrizadas, indicando que a inoculação micorrizada VA é necessária para aumentar os parâmetros de crescimento e a acumulação de matéria seca das plântulas de manga (Kamble *et al.,* 2010).

Wu *et al.* (2011 a) realizaram um experimento em vasos com mudas de pessegueiro (*Prunu spersica* L. Batsch) inoculadas com *Glomus mosseae, G. versiforme* e *Paraglomus occultum.* Após 100 dias de inoculação micorrízica, a colonização micorrízica das mudas de um ano de idade variou de 23,4% a 54,9%. Em geral, a simbiose micorrízica formada melhorou significativamente o desempenho do crescimento da planta, como a altura da planta (55,22 cm), o diâmetro do caule (0,43 cm), o rebento (3,32 g), a raiz (2,32 g) e o peso seco total (5,64 g).

As mudas de damasco cv. New Castle foram inoculadas com quatro espécies de fungos AM *viz., Glomus fasciculatum, G. mosseae, G.macrocarpum* e *Sclerocystis dussii,* na fase de viveiro isoladamente e em combinação com níveis variados de fertilização com Zn (0, 2,5, 5,0, 10,0 mg kg^{-1}) para melhorar os parâmetros de produtividade das plantas para uma gestão sustentável do viveiro. Os estudos de investigação mostraram que a inoculação de *G. fasciculatum* a Zn 5,0 mg kg^{-1} foi a mais eficaz para aumentar a altura da planta (83 cm), o diâmetro do caule (11 mm), o peso seco do rebento (23,17 g), o peso seco da raiz (7,98 g) e a clorofila total (3,80 mg g^{-1}) (Dutta *et al.*, 2013a).

Bhuiyan (2015) realizou uma experiência em plântulas de tomate para estudar o efeito dos fungos AM. Foram utilizadas oito fontes de fungos AM. A estirpe mista mostrou uma altura máxima da planta (25,1 cm), comprimento da raiz (9,3 cm) e número de folhas (5,6) do que o controlo.

Sangita *et al.* (2016) relataram que o crescimento das mudas de limão Rangpur em termos de altura das mudas, diâmetro do caule, número de folhas, área foliar, crescimento da raiz, acumulação de biomassa, percentagem de brotos e sobrevivência final foram significativamente superiores sob o tratamento *Glomus mosseae* @ 50 g + *Glomus fasciculatum* @ 50 g + PSB @ 3g e *Glomus fasciculatum* @ 50 g + PSB @ 3g + bolo de Neem 20 g por vaso.

Thilagar *et al.* (2016) observaram que as mudas de pimenta inoculadas com consórcios microbianos contendo fungos VAM, bactérias PSB e KSB aumentaram significativamente a altura da planta (126,7 cm) e a circunferência do caule (25,29 mm) e, finalmente, concluíram que a aplicação de fertilizantes a 50% pode ser reduzida pela inoculação dos consórcios microbianos.

Panneerselvam e Saritha (2017) realizaram a experiência para conhecer o efeito da co-inoculação de fungos micorrízicos arbusculares (AM) e suas bactérias associadas (*Pseudomonas putida*) no aumento da colonização radicular AM, promoção do crescimento e aquisição de nutrientes em sapota enxertada. Os resultados revelaram que a aplicação combinada de *P.putida* com os fungos AM aumentou significativamente a altura da planta (39,67%), a circunferência do caule (3,2 cm) e a biomassa total (66,8 g de planta^{-1}).

Chen *et al.* (2017 a) realizaram uma experiência com três composições de fungos AM viz, VT (*Claroideoglomus* sp, *Funneliformis* sp, *Diversispora* sp, *Glomus* sp, e *Rhizophagus sp.*) e BF (*Glomus intraradices, G. microageregatum* e *G. Claroideum* , e *Funneliformis mosseae* (Fm) para investigar sua influência no crescimento de mudas com dosagem de inoculação de 10 g por vaso .Os resultados mostraram que VT, BF e Fm colonizaram com sucesso as raízes do pepino com 82,38, 74,65 e 70,32%, respetivamente, aos 46 dias após a inoculação. A altura da planta, o diâmetro do caule, o peso seco, a relação raiz/parte aérea das plântulas de pepino inoculadas com FMA aumentaram significativamente quando comparadas com o controlo não inoculado. Entre as composições de fungos AM, a composição VT apresentou a maior altura de planta (16 cm), diâmetro do caule (6 cm), peso seco (9 g). Este estudo permite compreender melhor as respostas das plantas a diferentes fungos AM para o desenvolvimento de estratégias de produção de vegetais promovidas por AMF.

2.5 EFEITO DA AMF NA ABSORÇÃO DE NUTRIENTES DE SEMENTES

Timmer e Leydan (1978) observaram que a inoculação de mudas de laranja azeda com *Glomus fasciculatum* estimulou o crescimento em comparação com os controles não inoculados, exceto no solo franco-arenoso fertilizado com P. A adição de P, Cu ou ambos antes do plantio não estimulou o crescimento das mudas não-micorrízicas em areia, em vez disso, mostrou sintomas de deficiência de 'P', enquanto que as mudas inoculadas aumentaram muito o crescimento da planta, e a adição de P, Cu ou ambos, ajudou ainda mais a aumentar o crescimento da planta.

A infeção micorrízica melhorou o estabelecimento das plântulas de citrange Carrizo após o transplante, melhorando a absorção de 'P' e reduzindo assim o stress das plantas por 'P' (Johnson e Hummel, 1985).

Dixon *et al.* (1988 b) relataram que mudas de *Citrus jambhiri* inoculadas com simbiontes fúngicos exibiram desenvolvimento abundante de fungos AM após 105 dias e influenciaram significativamente o percentual de P nas raízes (23%) e folhas (12%). As plântulas inoculadas com *G. mosseae, G. fasciculatum* e *G.etunicatum* apresentam níveis de P nas raízes e nas folhas superiores aos das plântulas não inoculadas.

Padma (1988) observou um aumento significativo na altura da planta de mamão quando o VAM foi inoculado junto com a aplicação de 75% do nível recomendado de fósforo. Ela também observou um aumento de 69 por cento no conteúdo de 'Nitrogénio' na papaia cv. CO-3 quando inoculada com *Glomus fasciculatum*.

Sukhada (1992) inoculou plantas de papaia com fungos VAM, *Glomus fasciculatum* e *G. mosseae* e encontrou um aumento significativo na altura das plantas, matéria seca, conteúdo de P nas raízes e folhas das plântulas em todos os níveis de P. As diferenças foram mais pronunciadas a $1/4^{th}$ dose de P. O *G. mosseae* foi mais benéfico do que *o G. fasciculatum*.

Parra *et al.* (1990 b) realizaram um experimento com mudas de café de dois meses que foram inoculadas com *Glomus manihotis, Entrophospora colombiana* ou *Acaulospora myriocarpa.* Após 5 meses de inoculação, os teores foliares de N, P, K, Ca e Mg aumentaram nas mudas de café.

Reena e Bagyaraj (1990 b) inocularam plântulas *de Tamarindus indica* com 13 fungos VAM. As plantas inoculadas apresentaram maior altura, número de folhas, perímetro do caule, biomassa, teor de fosfato e Zn.

Gardiner e Christensen (1991) estudaram o efeito da fumigação com fósforo e da inoculação micorrízica no crescimento e no teor de nutrientes das plântulas de cevada cv Pear (*Pyrus communis*) e relataram que *Glomus intraradices* aumentou o crescimento da planta em níveis baixos e médios de aplicação de fósforo e o crescimento foi máximo em plantas inoculadas com *Glomus deserticola* na aplicação mais alta de fósforo.

Declerk *et al.* (1994 b) relataram que bananeiras micropropagadas, quando inoculadas com *Glomus mosseae* e *G. geosporum*, resultaram em maior peso fresco e peso seco dos brotos e maiores teores de P e K, particularmente para *G. mosseae.*

Maksoud *et al.* (1994) inocularam mudas de tamarindo de oito meses de idade com fungos VAM e suplementaram com fertilizante fosfatado. Foi observado um aumento significativo nos parâmetros de crescimento das mudas e nos teores foliares de P e K como resultado da inoculação do VAM.

Rocha *et al.* (1994) verificaram que a inoculação de *Acaulospora morrowae, Glomus clanim* e *G. etunicatum* promoveu um melhor crescimento das plantas, mas registaram teores mais baixos de Co, Mg, Cu e Mn na tangerina Cleópatra antes do transplante. A adição de doses crescentes de superfosfato simples melhorou os teores de P, Ca, S e reduziu os teores de Mg.

Game *et al.* (2006) relataram que a inoculação de plântulas de anona com as três micorrizas VA @ 150g/pot (*Glomus epigaeum, Glomus mosseae* e *Gigaspora calospora*), quer individualmente quer em combinações, aumentou significativamente a absorção de azoto e fósforo pelas plântulas em relação às plantas não micorrizadas. A inoculação combinada com os três fungos micorrizas foi superior aos tratamentos de inoculação individuais na absorção máxima de azoto (132,78 mg/planta) e fósforo (14,30 mg/planta).

Wu *et al.* (2011b) realizaram um experimento para determinar o desempenho de crescimento, as concentrações de nutrientes e a eficiência de nutrientes micorrízicos das mudas de pêssego (*Prunus persica* L. Batsch) inoculadas com *Glomus mosseae, G. versiforme* e *Paraglomus occultum.* Os inóculos das três espécies de FMA consistiram em 25 g de solo da rizosfera contendo esporos, hifas externas e fragmentos de raízes micorrízicas de Sorghum vulgare. Foram utilizados 16 vasos, e uma muda de pêssego foi cultivada em cada vaso. Após 100 dias de inoculação micorrízica, a colonização micorrízica de mudas de um ano de idade variou de 23,4% a 54,9%. O desempenho do crescimento da planta, como altura da planta, diâmetro do caule, broto, raiz ou peso seco total, foi maior nas plantas inoculadas com *Glomus mosseae.* Em comparação com as mudas sem AMF, K (9,2-28,5% nas folhas e 86,0 -120,9% nas raízes), Ca nas folhas (118,3-417,3%), Mg (31,9-55,75 nas folhas e 76,6-140,4% nas raízes), Fe (101,3-169.6% nas folhas, 37.6- 66.5 % Fe nas raízes), Cu (178.3-321.7% nas raízes), Mn (33.3-91.7% nas raízes), Zn (50.0-58.3% nas folhas, e 200.0-450.0% nas raízes) foram respetivamente maiores nas mudas micorrizadas. O papel benéfico das micorrizas na absorção de nutrientes foi o melhor no tratamento com *G. mosseae.*

Dutta *et al.* (2013b) relataram que as mudas de damasco cv. New Castle inoculadas com quatro espécies de fungos AM, a saber, *Glomus fasciculatum, G. mosseae, G.macrocarpum* e *Sclerocystis dussii,* na fase de viveiro, isoladamente e em combinação (50 g) com níveis variados de fertilizantes P (0, 25, 50, 100 mg kg^{-1}) para melhorar os parâmetros de produtividade das plantas para a gestão sustentável do viveiro. Os estudos de investigação mostraram que a inoculação de *G. fasciculatum* a 5,0 mg Zn kg^{-1} registou níveis mais elevados de fósforo (57,9%), ferro (30,4%), cobre (75,4%), zinco (82,4%), manganês (87,5%) na folha com a sua absorção correspondente de 180,9, 203,9, 71,3, 85,8 e 291,6%.

Chen *et al.* (2017 b) realizaram uma experiência para investigar a influência de três composições de fungos AM *viz,* V.T (*Claroideoglomus* sp, *Funneliformis* sp, *Diversispora* sp, *Glomus* sp, e *Rhizophagus* sp.), B.F (*Glomus intraradices, G. microageregatum*) B.E.G (*G. Claroideum* BEG 210), e *Funneliformis mosseae* (Fm) com 10 g de inóculo por vaso no crescimento de mudas de pepino. A inoculação com FMA melhorou os teores de macro (N, P e K) e micro nutrientes (S, Ca, Cu, Fe, Mn, Mg e Zn) nas raízes. A colonização do FMA estimulou a absorção de nutrientes nas raízes das plantas inoculadas com FMA. Os teores de N (91,16%), P (33,47%), K (92,38%), Ca (86,85%), Cu (50,955), Fe (30,16%), Mn (112,50%), Mg (73,68%), Zn (61,44%) e S (99,28%) aumentaram nas mudas de pepino inoculadas com FVA em comparação com as não inoculadas com FMA.

Mamta *et al.* (2017) relataram que a inoculação dupla com a cepa de Azoto3 (Azotobacter) e PSB e em combinação com a aplicação de N, P cada @75% e 100% K aumentou o desempenho de crescimento e absorção de nitrogênio por mudas de mamão cultivadas em viveiro.

2.6 EFEITO DOS FUNGOS AM EM VÁRIOS ALTERAÇÕES MORFOLÓGICAS, FISIOLÓGICAS, BIOQUÍMICAS E NUTRIENTES EM PLÂNTULAS SOB STRESS HÍDRICO CONDIÇÕES

Johnson e Hummel (1985) verificaram que mudas de *Poncirus x Citrus* inoculadas com *Glomus intraradices* se adaptaram melhor a condições de estresse hídrico e baixa a moderada disponibilidade de fósforo na inoculação com fungos AM.

Traquair e Berch (1988) relataram que plântulas de seis meses de idade de pêssego de diferentes cultivares inoculadas com fungos micorrízicos VA indígenas, mostraram colonização máxima num solo arenoso local nas raízes alimentadoras.

Kaushik *et al.* (1992) relataram que as mudas de *Propis julifora* e *Ziziphus jujube* inoculadas com fungos micorrízicos VA mostraram aumento na colonização da raiz e promoveram parâmetros de crescimento. A colonização da raiz por fungos micorrízicos VA foi influenciada pela variação sazonal.

Mathur e Vyas (2000) avaliaram a eficácia da produção de biomassa, a absorção de nutrientes e as alterações fisiológicas em *Ziziphus mauritiana*. O estudo revelou que *G. fasciculatum* aumentou o teor de prolina em 370%, seguido de *S. rubiformis* com 165% em comparação com plantas não micorrizadas em condições de stress.

Morte *et al.* (2000) realizaram uma experiência em que plantas de *Helianthemum almeriense* foram micropropagadas em meio Murashige e Skoog (MS) e inoculadas *invitro* com micélio de *Terfezia claveryi* em meio Morte e Honrubia (MH) e vermiculite. A taxa de sobrevivência das plantas micorrizadas no final do período de stress de seca foi superior à das plantas não micorrizadas. O potencial hídrico foi mais elevado nas plantas micorrízicas do que nas plantas não micorrízicas em 14% nas plantas bem regadas e 26% nas plantas sujeitas a stress de seca. A transpiração foi

92% mais elevada nas plantas micorrizadas do que nas plantas não micorrizadas em condições de stress de seca e 40% quando irrigadas. A condutância estomática foi 45% e 14% mais elevada e a fotossíntese líquida 88% e 54% mais elevada, respetivamente, nas plantas micorrizadas do que nas não micorrizadas. As plantas micorrízicas sujeitas a stress de seca acumularam mais azoto, fósforo e potássio do que as plantas não micorrízicas sujeitas a stress de seca.

Nagarajappa *et al.* (2003) realizaram uma experiência em vasos com plântulas de papaia que foram inoculadas com três espécies de VAM, *G. fasciculatum, S. dussii, A. laevis* @ 5 g por saco e a seca foi imposta após dois meses de crescimento através da retirada de água. Foi observado um teor significativamente mais alto de clorofila 'a' (1,36 g/peso fresco), clorofila 'b' (1,19 g/peso fresco) e clorofila total (2,55 g/peso fresco) em plantas inoculadas com *G. fasciculatum* e *S. dussii* antes e 10 dias após a imposição da seca. Foi observado um maior conteúdo relativo de água na folha (68,56%) em plantas inoculadas com *G. fasciculatum*. A prolina significativamente mais baixa (32,01 μg^{-1} peso fresco) foi observada em plantas inoculadas com *G. fasciculatum* após 10 dias de seca e plantas tratadas com *A. laevis* mostraram a menor prolina aos 20 dias após a seca.

Qiang-Sheng e Ren-Xue (2006) estudaram a influência do fungo AM *Glomus versiforme* no crescimento das plantas, no ajustamento osmótico e na fotossíntese da tangerina (*Citrus tangerine*) em cultura em vaso, em condições de boa rega e de stress hídrico. O açúcar solúvel das folhas e raízes, o amido solúvel das folhas, os hidratos de carbono não estruturais totais das folhas e raízes e o Mg^{2+} das folhas foram mais elevados nas plântulas AM do que nas plântulas correspondentes não AM. Os níveis de K^+ e Ca^{2+} nas folhas e raízes foram maiores nas mudas AM do que nas mudas não-AM. Além disso, a colonização AM aumentou as proporções distribuídas de açúcar solúvel e carboidratos não estruturais para as raízes. No entanto, a prolina foi menor nas mudas AM em comparação com as mudas não-AM. As plântulas AM apresentaram maior potencial hídrico foliar, taxas de transpiração, taxas fotossintéticas, condutância estomática, conteúdo relativo de água (RWC) e menor temperatura foliar do que as plântulas não AM correspondentes.

Manoharan *et al.* (2010) investigaram os efeitos do fungo AM, *Glomus mosseae*, no crescimento e no estado fisiológico de *Erythrina variegata* cultivada em solo franco-arenoso com quatro níveis de stress hídrico - 0,06 MPa (bem regado/controlo), - 1,20 MPa (ligeiro), -2,20 MPa (moderado) e -3,20 MPa (severo) num desenho completamente aleatório. As plantas com fungos AM apresentaram uma biomassa de plantas significativamente mais elevada e um teor de clorofila (clorofila a e b) mais elevado nos rebentos do que as plantas sem AM. A inoculação de AM em plantas stressadas diminuiu significativamente os teores de açúcares solúveis e de amido nos rebentos. Além disso, a inoculação AM também reduziu a acumulação de prolina nos rebentos e a redução foi significativa quando as plantas foram severamente stressadas (-3,2 MPa). A colonização micorrízica nas raízes de *Erythrina variegata* diminuiu significativamente devido ao aumento do stress hídrico. No entanto, a colonização AM não diminuiu abaixo de 11% e permitiu às plantas manter os ajustes osmóticos e aumentou a tolerância das plantas contra o stress hídrico.

Yin *et al.* (2010) realizaram uma experiência em vaso com o objetivo de explorar a influência do VAM na tolerância à seca do morango e elucidar o mecanismo de interação. Os resultados mostraram que os fungos VAM inoculados aumentaram a atividade das enzimas protectoras, a osmorregulação e a capacidade antioxidante, especialmente a atividade da catalase e da ascorbato peroxidase . As plantas de morango inoculadas com fungos VAM sob stress de seca também levam a um aumento do pigmento foliar, acelerando a acumulação de prolina livre e proteína solúvel, melhorando a velocidade de transporte de açúcar solúvel, restringindo a decomposição da clorofila.

Zhang *et al.* (2010) realizaram um experimento em Casuarina no qual seis isolados de AMF foram inoculados em condições de estufa para investigar os efeitos do AMF no crescimento e na tolerância à seca das plantas hospedeiras. Todos os seis isolados que pertencem a *Glomus* mostraram alta colonização micorrízica (88,596,0%) com mudas de *Casuarina equisetifolia*. As mudas foram submetidas a estresse hídrico sem rega por 7 dias e a sobrevivência das mudas inoculadas com *Glomus caledonium* Gc90068, *G. versiforme* Gv9004 e *G. caledonium* Gc90036 aumentou em 36,6, 23,3 e 16,6%, respetivamente, em comparação com mudas não inoculadas. Verificou-se uma influência limitada do FMA no crescimento em altura das plântulas, mas os efeitos do FMA no aumento da biomassa total foram muito significativos; o aumento variou entre 25,7 e 118,9% em comparação com o tratamento não inoculado, e verificou-se que o FMA exerceu mais influência na biomassa das raízes do que na biomassa dos rebentos.

Bhosale e Shinde (2011) realizaram uma experiência de cultura em vaso com plantas de *Zingiber officinale* sem micorriza e com micorriza. Verificou-se que o teor de clorofila diminuía com o aumento do stress hídrico e que o teor de clorofila das plantas micorrizadas era superior ao das plantas não micorrizadas. A quantidade de conteúdo de prolina aumentou com o aumento do stress, mas as plantas não micorrizadas apresentaram uma quantidade ligeiramente superior à das plantas micorrizadas.

Qiao *et al.* (2011) investigaram o efeito do AM na tolerância à seca da ervilha-de-angola, bem como para elucidar as respostas fisiológicas das mudas colonizadas pelo AM ao déficit hídrico. Quando submetida ao estresse hídrico, a simbiose AM levou a efeitos positivos no sistema radicular, altura da planta e diâmetro do caule. As plântulas colonizadas por AM demonstraram um conteúdo de clorofila notavelmente maior, taxa fotossintética e condutância estomática. Os açúcares solúveis nas plântulas colonizadas por AM foram significativamente mais elevados do que os das plântulas não colonizadas por AM, indicando que a maior tolerância estava parcialmente correlacionada com o soluto osmótico. Por outro lado, o conteúdo de prolina das plantas colonizadas por AM foi menor, revelando que o excesso de prolina não era imperativo para a tolerância à seca.

Zin *et al.* (2010) realizaram um experimento em Melão (*Cucumis melo*) sobre o crescimento da planta, respostas fisiológicas e fotossintéticas em plantas inoculadas com três espécies de *Glomus* sob duas condições hídricas. Os resultados mostraram que a inoculação com *Glomus* melhora os parâmetros fisiológicos e fotossintéticos das mudas inoculadas em comparação com as mudas não-AM.

Kumar *et al.* (2014) realizaram uma experiência sobre o efeito de biofertilizantes em características nutricionais em mudas de aonla e plantas enxertadas e relataram que AMF @ 30 g + *Azospirillum* @30 g aplicados em mudas produziram mais folhas, comprimento de rebentos e aumento da taxa de fotossíntese em anola.

Dutta *et al.* (2015) relataram que as mudas de *Citrus jambhiri* (Jatti khatti) foram inoculadas com duas estirpes de FMA (*Glomus fasciculatum* e *Glomus intraradices*) juntamente com o controlo não micorrízico (NM) e as plantas foram deixadas a crescer normalmente até 120 dias após a inoculação com irrigação adequada, depois disso, as plantas foram submetidas a tratamentos de stress de défice hídrico e bem regadas durante vinte e cinco dias. Após a exposição aos tratamentos, as plantas inoculadas com *G. fasciculatum* mostraram uma colonização radicular máxima nas plântulas *de Jattikhatti* em ambas as condições WW (49,38%) e WDS (49,10%). Os tipos de plantas tratadas com FMA (*G. fasciculatum* e *G. intraradices*) mostraram melhores alterações fisiológicas e bioquímicas em termos de taxa fotossintética, condutância estomática, teor relativo de água, teores de prolina, clorofila a e clorofila b, respetivamente, em comparação com plantas não micorrizadas em condições de stress por défice hídrico. As plantas inoculadas com FMA também aumentaram a absorção de P, K, Ca, Mg e Cu em relação às plantas não micorrizadas.

Capítulo III

MATERIAL E MÉTODOS

A presente investigação intitulada "Efeito dos fungos AM no crescimento, absorção de nutrientes, adaptação fisiológica e bioquímica das plântulas de *anona* (*Annona squamosa* L.)" foi realizada de outubro de 2021 a maio de 2022 na Faculdade de Horticultura, Venkataramannagudem, Universidade de Horticultura Dr.YSR, distrito de West Godavari, Andhra Pradesh. Os pormenores relativos ao material utilizado, aos métodos adoptados e às técnicas experimentais utilizadas durante o curso da investigação são fornecidos neste capítulo.

3.1 LOCALIZAÇÃO GEOGRÁFICA DA EXPERIÊNCIA SITE

O local de experimentação situava-se no Centro de Excelência para a Cultura Protegida (CEPC), Venkataramannagudem, Universidade de Horticultura Dr. YSR, distrito de West Godavari, Andhra Pradesh. O local insere-se na zona agro-climática 10, húmida, planície da costa oriental e colinas, com uma precipitação média de 900 mm a uma altitude de 34 m acima do nível médio das águas do mar. O sítio experimental situa-se a 16^0 63'120"N de latitude 81^0 27′ 568″ E de longitude. Tem um verão quente e húmido e um inverno ameno.

3.2 DADOS METEOROLÓGICOS

Os dados meteorológicos foram recolhidos durante o período de investigação sobre a temperatura máxima, a temperatura mínima, a humidade relativa e a precipitação no local experimental CEPC, Dr.Y.S.R.Horticultural University, Venkataramannagudem de outubro de 2021 a maio de 2022 e apresentados no Anexo I.

3.3 PORMENORES EXPERIMENTAIS

3.3.1 Título da experiência

Efeito dos fungos AM no crescimento e na absorção de nutrientes de plântulas de *anona* (*annona squamosa* l.)

3.3.2 Pormenores do tratamento

Local de trabalho : Centro de Excelência para o Cultivo Protegido, Venkataramannagudem Cultura : *Anona* (*Annona squamosa*.L) Variedade : Cultivar local Desenho estatístico : CRD Número de tratamentos : 4 Número de repetições : 5 Número de plântulas por tratamento
: 30
Pré-embebição das sementes : GA3 @ 500ppm durante 24 horas Época : 2021-22 (outubro a maio)

Tratamentos:

T1 (Inoculação com *G. fasciculatum* @ 3g) T2 (Inoculação com *G. leptotichum* @ 3g) T3 (Inoculação com *G. fasciculatum* @ 1.5g + *G. leptotichum* @ 1.5g) T4 (Não micorrízico)

3.3.3 Material utilizado

3.3.3.1 Preparação da mistura de envasamento e esterilização

A mistura de envasamento compreende uma proporção de 2:1:1 de terra vermelha, FYM e vermicomposto. São bem misturados e esterilizados em autoclave durante 15 minutos a 121^0 C e 15 psi de pressão.

3.3.3.2 Características da mistura de envasamento

As amostras da mistura para vasos são recolhidas aleatoriamente antes do enchimento dos sacos de polietileno. As amostras compostas de solo são colhidas pelo método dos quartos e

Foto 3.1. Esterilização do solo em auto clave.

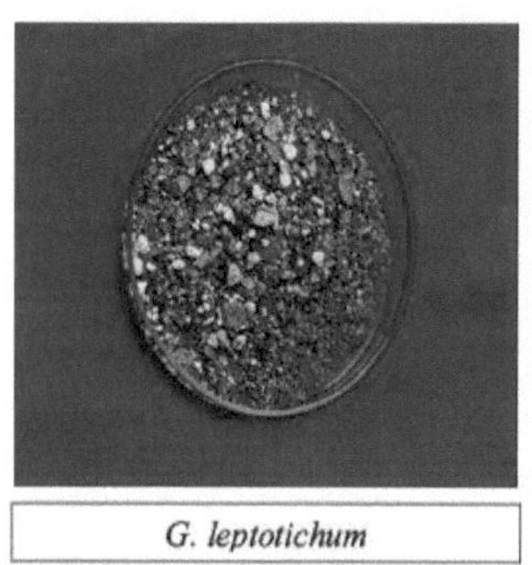

Foto 3.2. Cultura de *G. fasiculatum* e *G. leptotichum*.

Placa 3.3. Vista geral do sítio experimental.

analisados quanto ao estado nutricional por método padrão.

Composição dos nutrientes disponíveis na mistura para vasos	(%)
Nitrogénio	15.07
Fósforo	3.68
Potássio	14.02

3.3.3.3 Enchimento de sacos de polietileno

Foram utilizados sacos de polietileno de 20 cm x 17 cm e 300 gauge de espessura para encher a mistura de envasamento após esterilização superficial com 1% de formaldeído. Cada saco foi perfurado uniformemente com 16 buracos de 0,5 cm de diâmetro para garantir uma boa drenagem. Depois, a mistura de envasamento preparada foi enchida corretamente até à borda.

3.3.3.4 Inoculação de fungos micorrízicos arbusculares

As culturas de solo de *G. fasiculatum* e *G. leptotichum* foram obtidas do Centro de Recursos Biológicos Naturais e Desenvolvimento Comunitário, Bangalore. *G. fasiculatum* e *G. leptotichum* consistiam em 48 esporos e 58 esporos, respetivamente, por 5 gramas de cultura de inoculação. Os inóculos de fungos AM foram aplicados imediatamente antes da sementeira de sementes a 3 cm abaixo da superfície da mistura de vasos, de acordo com os tratamentos.

3.3.3.5 Seleção e pré-tratamento das sementes

As sementes colhidas de frutos maduros foram embebidas em solução de GA3 @ 500 ppm durante 24 horas antes da sementeira para quebrar a dormência.

3.3.3.6 Sementeira e germinação de sementes

A sementeira foi efectuada em 15th dezembro de 2021 sob condições de rede de sombra. Trezentas sementes foram semeadas em cada tratamento com 5 repetições no experimento. A germinação foi observada aos 12 dias após a sementeira. Após a germinação, apenas uma plântula por saco plástico foi mantida.

3.3.3.7 Cuidados posteriores

As sementes semeadas em sacos de polietileno foram regadas a intervalos regulares com uma roseira para manter a humidade óptima do solo. Foram tomadas medidas de monda manual e de proteção das plantas com base nas necessidades.

3.4 OBSERVAÇÕES REGISTADAS

Cinco plântulas foram seleccionadas aleatoriamente e marcadas em cada repetição do tratamento para registar as observações não destrutivas dos parâmetros de rebentos ao longo do estudo (aos 70, 90, 110, 130 e 150 DAS) em sacos de polietileno. Para as observações destrutivas, outras cinco plântulas foram seleccionadas aleatoriamente em cada repetição e cuidadosamente retiradas dos sacos de polietileno em cada momento de registo das observações (aos 70, 90, 110, 130 e 150 DAS) no saco de polietileno. Os sacos de polietileno foram abundantemente regados antes da remoção das plântulas, que foram arrancadas com a bola de terra e colocadas em água, depois lavadas cuidadosamente para remover as partículas de solo aderidas ao sistema radicular.

3.4.1 Parâmetros de crescimento

3.4.1.1 Altura das plântulas (cm)

A altura das plântulas desde a região do colo até à ponta do ápice do rebento foi medida em centímetros, utilizando uma escala métrica aos 70, 90, 110, 130 e 150 dias após a sementeira e a média foi calculada e expressa em centímetros.

3.4.1.2 Número de folhas por plântula

O número de folhas totalmente abertas produzidas por cada plântula etiquetada foi contado da base à ponta aos 70, 90, 110, 130 e 150 dias após a sementeira. O número médio de folhas foi calculado e expresso como número de folhas produzidas por plântula.

3.4.1.3 Diâmetro do caule (mm)

O diâmetro do caule foi medido a 1 cm acima da base com a ajuda de um compasso de vernier aos 70, 90, 110, 130 e 150 após a sementeira. A média foi calculada e expressa em milímetros.

3.4.1.4 Comprimento da raiz da plântula (cm)

O comprimento da raiz foi medido da região do colo até a ponta da maior raiz aos 70, 90, 110, 130 e 150 dias após a semeadura, o valor médio foi calculado e expresso em centímetros.

3.4.1.5 Número de raízes por plântula

O número de raízes produzidas por plântula foi contado em cada tratamento aos 70, 90, 110, 130 e 150 dias após a sementeira. Os valores médios foram calculados e expressos como número de raízes por plântula.

3.4.1.6 Peso fresco dos rebentos (g)

A parte do rebento de cada plântula selecionada foi separada e o peso fresco foi registado aos 70, 90, 110, 130 e 150 dias após a sementeira com a ajuda de uma balança eletrónica e o peso fresco médio do rebento foi calculado e expresso em gramas.

3.4.1.7 Peso fresco das raízes (g)

As raízes de cada plântula selecionada foram separadas após lavagem completa com água para registar o peso fresco das raízes aos 70, 90, 110, 130 e 150 dias após a sementeira com a ajuda de uma balança eletrónica e o peso fresco médio das raízes foi calculado e expresso em gramas.

3.4.1.8 Peso seco dos rebentos (g)

Aos 70, 90, 110, 130 e 150 dias após a sementeira, os rebentos de cada plântula, tomados para registar o peso fresco, foram mantidos numa cobertura castanha e completamente secos numa estufa de ar quente a 60° C até atingirem um peso constante e os pesos secos foram registados numa balança eletrónica. Os valores médios foram calculados e expressos em gramas.

3.4.1.9 Peso seco das raízes (g)

As raízes das plântulas selecionadas foram separadas aos 70, 90, 110, 130 e 150 dias após a semeadura, mantidas em cobertura marrom e completamente secas em estufa de ar quente a 60oC até atingirem um peso constante e a pesagem foi feita com balança eletrônica. Os valores médios foram calculados e expressos em gramas.

3.4.1.10 Dependência micorrízica (%)

Os valores da dependência micorrízica (D.M.) foram calculados através da fórmula descrita por Menge *et al.* (1978), como indicado a seguir.

$$\text{D.M. (\%)} \quad \frac{\text{Peso seco da planta micorrízica}}{\text{Peso seco da planta não micorrízica}} \times 100$$

O peso seco da planta micorrízica foi obtido através da secagem das plantas inoculadas com AM em estufa de ar quente a 60° C até atingirem um peso constante e a pesagem foi efectuada. O peso seco das plantas não micorrizadas foi obtido através da secagem das plantas não inoculadas em estufa de ar quente a 60oC até atingirem um peso constante e a pesagem foi feita com balança eletrónica.

3.4.1.11 Clorofila total (mg g^{-1} peso fresco)

Quatro folhas frescas da parte média da região das plântulas em cada tratamento foram coletadas aos 70, 90, 110, 130 e 150 dias após a semeadura para estimar o conteúdo de clorofila. O teor de clorofila foi estimado de acordo com o procedimento descrito por Arnon (1949). As folhas frescas colhidas foram maceradas com acetona a 80% e centrifugadas a 3000 rpm durante 15 minutos, depois os valores de D.O. foram medidos nos comprimentos de onda de 645 e 663 nm utilizando um espetrofotómetro. A clorofila total foi calculada com base na seguinte fórmula.

Teor total de clorofila (mg g^{-1} peso fresco) = [20. 2(A645) -8.02(A663)] x

V /1000 x Peso

onde,

A = Absorvância de comprimentos de onda específicos (645 e 663 nm)

V = Volume final do extrato de clorofila em acetona a 80 %.

Wt = Peso fresco da amostra de folhas (1 g)

3.4.1.12 Rácio raiz/parte aérea

Este foi calculado dividindo o peso seco da raiz da planta pelo peso seco do rebento da planta aos 70, 90, 110, 130 e 150 dias após a sementeira.

$$\text{Relação raiz/parte aérea} = \frac{\text{Peso seco da raiz (g)}}{\text{Peso seco do rebento (g)}}$$

3.4.2 Análise dos nutrientes

3.4.2.1 Análise da absorção de nutrientes (Macro nutrientes N, P, K) aos 150 dias após a sementeira

3.4.2.1.1 Recolha e preparação das amostras

As amostras foram recolhidas aos 150 dias após a sementeira de cada tratamento e secas a 60° C numa estufa de ar quente. As amostras secas foram trituradas com um pilão e um almofariz.

3.4.2.1.2 Digestão de amostras de plantas com mistura de ácidos

A amostra em pó de 0,5 g foi pré-digerida com 10 ml de HNO3 concentrado e novamente digerida com 5 ml de mistura de diácidos (HNO3:HClO4 numa proporção de 9:4). O produto foi mantido durante a noite para digestão e, em seguida, aquecido até à evolução de fumos brancos densos, deixando uma solução incolor e clara nos frascos cónicos. Arrefeceu-se e o volume foi aumentado para 100 ml com água destilada. A amostra foi utilizada para estimar o azoto, o fósforo e o potássio (Jackson, 1973).

3.4.2.2 Azoto (%)

O azoto total das amostras foi determinado pelo método de Kjeldahl, tal como descrito por Jackson (1973). Neste método, 0,5 g de amostra em pó foram digeridos com 10 ml de ácido sulfúrico concentrado na presença de uma mistura de digestão (K2SO4:CuSO4.5H2O na proporção de 5:1) e destilados em meio alcalino. O amoníaco libertado foi retido em ácido bórico contendo um indicador misto e titulado com ácido sulfúrico 0,01 N padrão. O teor de azoto nas folhas foi expresso em percentagem.

3.4.2.3 Fósforo (%)

O teor de fósforo total na amostra foi determinado tomando um volume conhecido da amostra digerida com ácido, adoptando o método do amarelo fosfórico do vanadomolibdato, tal como descrito por Jackson (1973). A intensidade da cor amarela foi lida num espetrofotómetro (Systronics UV-VIS Spectrophotometer 118) a 470 nm. O teor de fósforo nas folhas foi expresso em percentagem.

3.4.2.4 Potássio (%)

O teor total de potássio da amostra de folhas digerida com ácido foi estimado por atomização da amostra digerida e diluída num fotómetro de chama calibrado, em condições de medição adequadas, tal como descrito por Jackson (1973).

3.5 ANÁLISE ESTATÍSTICA

Os dados foram analisados de acordo com o procedimento estabelecido por Panse e Sukathme (1985) para o desenho completamente aleatório e as médias foram comparadas a um nível de significância de 5%.

3.6 EXPERIMENTO 2

3.6.1 Título da experiência

Adaptação morfológica, fisiológica, bioquímica e teor de nutrientes de plântulas de anoneira inoculadas com fungos AM em condições de stress hídrico

3.6.1.1 Conceção e esquema experimental

Pormenores da experiência

Local de trabalho	:	Centro de Excelência para as
Cultura	:	Culturas Protegidas,
Variedade	:	Venkataramannagudem Maçã-creme
Desenho estatístico	:	(*Annona squamosa*.L) Cultivar local
Número de tratamentos	:	FCRD
Número de repetições	:	12
Número de plântulas por tratamento	:	3
Número de factores	:	15
Pré-embebição das sementes	:	2

Época :
GA3 a 500ppm durante 24 horas
2021-22 (outubro a maio)

Detalhes do tratamento

Número de factores: 2

Fator-1: Fungos Micorrízicos Arbusculares (FMA)

A1: *G. fasciculatum@* 3g

A2: *G. leptotichum@* 3g

A3: *G. leptotichum @* 1.5g+ *G. fasciculatum @* 1.5g

A4: Não micorrízico

Fator-2: Stress hídrico

51- Stress hídrico durante 10 dias

52- Stress hídrico durante 20 dias

53- Sem stress hídrico

Combinações de tratamento:

Anotações	Combinação de factores
T1: A1S1	Inoculação com *G. fasciculatum @* 3g+ stress hídrico durante 10 dias
T2: A1S2	Inoculação com *G. fasciculatum @* 3g+ stress hídrico durante 20 dias
T3: A1S3	Inoculação com *G. fasciculatum @* 3g+ Sem stress hídrico (0 dias)
T4: A2S1	Inoculação com *G. Ieptotichum @* 3g+ stress hídrico durante 10 dias
T5: A2S2	Inoculação com *G. Ieptotichum @* 3g+ stress hídrico durante 20 dias
T6: A2S3	Inoculação com *G. Ieptotichum @* 3g+ Sem stress hídrico (0 dias)
T7: A3S1	Inoculação com *G. Ieptotichum @* 1.5g + *G. fasciculatum @* 1.5g + stress hídrico durante 10 dias
T8 : A3S2	Inoculação com *G. Ieptotichum @* 1.5g + *G. fasciculatum @* 1.5g + stress hídrico durante 20 dias
T9: A3S3	Inoculação com *G. leptotichum @* 1.5g + *G. fasciculatum @* 1.5g + Sem stress hídrico (0 dias)
T10: A4S1	Não micorrízico + stress hídrico durante 10 dias
T11: A4S2	Não micorrízico + stress hídrico durante 20 dias
T12: A4S3	Não micorrízico + Sem stress hídrico (0 dias)

3.7 MATERIAL UTILIZADO

3.7.1 Preparação da mistura de envasamento e esterilização

O meio de cultura é composto por uma proporção de 2:1:1 de terra vermelha, FYM e vermicomposto.

3.7.2 Características da mistura de envasamento

As amostras da mistura para vasos foram recolhidas aleatoriamente antes do enchimento dos sacos de polietileno. As amostras compostas de solo foram retiradas pelo método dos quartos e analisadas quanto ao estado nutricional pelo método padrão

Composição dos nutrientes disponíveis na mistura para vasos	(%)

Nitrogénio	15.26
Fósforo	3.58
Potássio	13.78

3.7.3 Enchimento de sacos de polietileno

Utilizaram-se sacos de polietileno com 20 cm × 17 cm de dimensão e 300 gauge de espessura para encher a mistura de envasamento, após esterilização superficial com 1% de formaldeído. Cada saco foi perfurado uniformemente com 16 orifícios de 0,5 cm de diâmetro para garantir uma boa drenagem. Depois, a mistura de envasamento preparada foi enchida corretamente até à borda.

3.7.4 Inoculação de fungos micorrízicos arbusculares

As culturas de solo de *G. fasiculatum* e *G. leptotichum* foram obtidas do Centro de Recursos Biológicos Naturais e Desenvolvimento Comunitário, Bangalore. *G. fasiculatum* e *G. leptotichum* consistiam em 48 esporos e 58 esporos, respetivamente, por 5 gramas de cultura de inoculação. Os inóculos de fungos AM foram aplicados imediatamente antes da sementeira de sementes a 3 cm abaixo da superfície da mistura de vasos, de acordo com os tratamentos.

3.7.5 Seleção e pré-tratamento das sementes

As sementes colhidas de frutos maduros foram embebidas em solução de GA3 @ 500 ppm durante 24 horas antes da sementeira das sementes para quebrar a dormência.

3.7.6 Semeadura e germinação de sementes

A sementeira foi efectuada a 15 de dezembro de 2021 à sombra. Foram semeadas 90 sementes em cada tratamento da experiência. Após a germinação, apenas uma plântula por saco de polietileno foi mantida.

3.7.7 Cuidados posteriores

Foram tomadas medidas de monda manual e de proteção das plantas em função das necessidades.

3.7.8 Irrigação

O conjunto de plantas mantido para o tratamento de stress hídrico durante 0 dias foi bem regado diariamente durante todo o estudo, enquanto que a água foi retida durante 10 dias e 20 dias simultaneamente para o stress hídrico aos 10 dias e 20 dias.

3.8 OBSERVAÇÕES REGISTADAS

3.8.1 Parâmetros morfológicos e fisiológicos

3.8.1.1 Comprimento da raiz (cm)

O comprimento da raiz foi medido a partir da região do colo até a ponta da raiz mais longa aos 0, 10 e 20 dias após a imposição do estresse, o valor médio foi expresso em centímetros.

3.8.1.2 Taxa fotossintética (μ molm s $)^{-2-1}$

A fotossíntese das folhas foi medida em cinco folhas maduras de cada planta de cada tratamento, utilizando um analisador de gases por infravermelhos (Licor, 6200). A taxa fotossintética média e a condutância estomática foram expressas em μ mol m s^{-2-1}

.

3.8.1.3 Condutância estomática (m mol m s)$^{-2-1}$

A condutância estomática das folhas foi medida em cinco folhas maduras de cada planta de cada tratamento, utilizando um analisador de gás por infravermelhos (Licor, 6200). A condutância estomática média foi expressa em m mol m s^{-2-1} .

3.8.1.4 Teor relativo de água (RWC) (%)

O teor relativo de água nas folhas foi determinado pelo método sugerido por Weatherley (1950). Foram colhidas folhas completamente expandidas e foram feitos discos de 8 mm, cujo peso fresco foi estimado e depois flutuado sobre água destilada numa placa de Petri durante 6 h. Posteriormente, os discos foram retirados, secos à superfície e o peso saturado foi registado. Posteriormente, os discos foram secos numa estufa (70 °C) durante 24 h, tendo sido registado o peso seco e calculada a RWC através da fórmula sugerida.

$$\text{Teor relativo de água} \quad \% = \frac{\text{Fresh weight (g)} - \text{Dry weight (g)}}{\text{Turgid weight (g)} - \text{Dry weight (g)}} \times 100$$

3.8.1.5 Colonização por fungos AM (%)

A percentagem de colonização da raiz foi determinada utilizando o método descrito por Phillips e Hayman (1970). As amostras de raízes foram cortadas em pedaços de 1 cm e fixadas em FAA (Formalina : Ácido acético : Álcool na proporção de 5 : 5 : 90) durante 2 horas. As raízes foram então limpas por autoclavagem com 10% de hidróxido de potássio (KOH) a 15 lbs de pressão durante 15 minutos. A alcalinidade devida ao hidróxido de potássio (KOH) foi neutralizada pela adição de ácido clorídrico a 1% durante cinco minutos. A coloração foi efectuada fervendo as raízes em azul de trifano a 0,05 por cento em lactoglicerol durante 10 minutos. O excesso de corante foi decantado e as raízes coradas foram armazenadas em lactoglicerol. Os pedaços de raiz foram dispostos em lâminas cobertas com lamelas e observados ao microscópio quanto à presença de vesículas e arbúsculos. A percentagem de colonização das raízes foi calculada utilizando a fórmula:

$$\text{Colonização por fungos AM (\%)} = \frac{\text{Número de raízes colonizadas}}{\text{Número de segmentos de raiz obtidos}} \times 100$$

3.8.2 Parâmetros bioquímicos

3.8.2.1 Prolina (µg g^{-1} peso fresco)

Para a estimativa da prolina, seguiu-se o método colorimétrico rápido preconizado por Bates *et al.* (1973). O material vegetal fresco de 500 mg foi homogeneizado em 10 ml de ácido sulfossalicílico a 3 % e filtrado em papel de filtro (Whatman n.º 2). Dois ml de filtrado foram adicionados a 2 ml de reagente de ninidrina ácida e 2 ml de ácido acético glacial num tubo de ensaio e mantidos em banho-maria durante uma hora a 100°C, depois a mistura foi mantida num banho de gelo. A mistura reacional foi transferida para uma ampola de decantação e adicionou-se tolueno; em seguida, aspirou-se o cromóforo que continha tolueno da fase aquosa, deixou-se atingir a temperatura ambiente e registou-se a absorvância a 520 nm contra tolueno como branco. A concentração de prolina na amostra foi determinada a partir de uma curva padrão utilizando prolina de grau analítico e calculada com base no peso fresco.

Prolina (μg g$^-$ 1 peso fresco) = Concentração (μg) x 10 x 20 x fator de diluição /1000.

3.8.2.2 Corofila total (mg g^{-1} peso fresco)

Quatro folhas frescas da parte média da região das plântulas em cada tratamento foram arrancadas aos 70, 90, 110, 130 e 150 dias após a semeadura para estimar o conteúdo de clorofila. O teor de clorofila foi estimado de acordo com o procedimento descrito por Arnon (1949). Um grama de amostra de folha fresca foi macerado com 80% de acetona e centrifugado a 3000 rpm durante 15 minutos, depois os valores O.D foram tomados a comprimentos de onda de 645 e 663 nm utilizando um espetrofotómetro. A estimativa da clorofila total foi efectuada pelo método do extrato de acetona (Arnon, 1949) e calculada utilizando a fórmula:

Teor total de clorofila (mg g^{-1} peso fresco) = [20. 2(A645) -8.02(A663)] x

V /1000 xWt em que,

A = Absorvância de comprimentos de onda específicos (645 e 663 nm)

V = Volume final do extrato de clorofila em acetona a 80 %.

Wt = Peso fresco da amostra de folhas (1 g).

3.8.2.3 Clorofila a (mg g^{-1} peso fresco)

Quatro folhas frescas da parte média da região das plântulas em cada tratamento foram arrancadas aos 70, 90, 110, 130 e 150 dias após a semeadura para estimar o teor de clorofila. O teor de clorofila foi estimado de acordo com o procedimento descrito por Arnon (1949). Um grama de amostra de folha fresca foi macerado com acetona a 80% e centrifugado a 3000 rpm durante 15 minutos, depois os valores O.D. foram medidos a comprimentos de onda de 645 e 663 nm utilizando um espetrofotómetro. A estimativa da clorofila 'a' foi efectuada pelo método do extrato de acetona (Arnon,1949) e calculada utilizando a fórmula:

Clorofila "a" (mg g^{-1} peso fresco) = [12. 7(A663) -2.69(A645)] x V /1000 xPeso em que,

A = Absorvância de comprimentos de onda específicos (645 e 663 nm)

V = Volume final do extrato de clorofila em acetona a 80 % .

Wt = Peso fresco da amostra de folhas (1 g).

3.8.2.4 Clorofila b (mg g^{-1} peso fresco)

Quatro folhas frescas da parte média da região das plântulas em cada tratamento foram arrancadas aos 70, 90, 110, 130 e 150 dias após a semeadura para estimar o teor de clorofila. O teor de clorofila foi estimado de acordo com o procedimento descrito por Arnon (1949). Um grama de amostra de folha fresca foi macerado com acetona a 80% e centrifugado a 3000 rpm durante 15 minutos, depois os valores O.D. foram medidos a comprimentos de onda de 645 e 663 nm utilizando um espetrofotómetro. A estimativa da clorofila 'b' foi efectuada pelo método do extrato de acetona (Arnon, 1949) e calculada utilizando a fórmula:

Teor de clorofila "b" (mg g^{-1} tecido) = [22. 9(A645) -4.68(A663)] x V /1000 x

Peso

onde,

A = Absorvância de comprimentos de onda específicos (645 e 663 nm)

V = Volume final do extrato de clorofila em acetona a 80 %.

Wt = Peso fresco da amostra de folhas (1 g).

3.8.3 Teor de nutrientes nas folhas e nas raízes

3.8.3.1 Recolha e preparação de amostras de folhas e raízes

As folhas e as raízes foram recolhidas de cada combinação de tratamento. As amostras de folhas e raízes foram secas a 60^0 C numa estufa de ar quente até se obter um peso constante. As folhas e raízes secas foram trituradas com um pilão e um almofariz.

3.8.3.2 Digestão de amostras de plantas com mistura de diácidos

A amostra em pó de 0,5 g foi pré-digerida com 10 ml de ácido nítrico concentrado (HNO_3) e novamente digerida com 5 ml de mistura de diácidos (HNO_3:$HClO_4$ numa proporção de 9:4). O produto foi mantido durante a noite para digestão e depois aquecido até à evolução de fumos brancos densos, deixando uma solução incolor e clara nos frascos cónicos. Arrefeceu-se e o volume foi aumentado para 100 ml com água destilada. O mesmo foi utilizado para a estimativa de todos os nutrientes.

3.8.4 Análise dos nutrientes

3.8.4.1 Nitrogénio (%)

O azoto total das amostras foi determinado pelo método de Kjeldahl, tal como descrito por Jackson (1973). Neste método, 0,5 g de amostra em pó foram digeridos com 10 ml de ácido sulfúrico concentrado na presença de uma mistura de digestão (K_2SO_4:$CuSO_4.5H_2O$ na proporção de 5:1) e destilados em meio alcalino. O amoníaco libertado foi retido em ácido bórico contendo indicador misto e titulado contra ácido sulfúrico 0,01 N padrão. O teor de azoto na folha e na raiz foi expresso em percentagem.

3.8.4.2 Fósforo (%)

O teor de fósforo total nas amostras de folhas e raízes foi determinado tomando um volume conhecido das amostras digeridas com ácido, adoptando o método do amarelo fosfórico de vanadomolibdato, tal como descrito por Jackson (1973). A intensidade da cor amarela foi lida num espetrofotómetro (Systronics UV-VIS Spectrophotometer 118) a 470 nm. O teor de fósforo nas folhas foi expresso em percentagem.

3.8.4.3 Potássio (%)

O teor total de potássio da amostra de folhas e raízes digerida com ácido foi estimado atomizando a amostra digerida e diluída para um fotómetro de chama calibrado em condições de medição adequadas, tal como descrito por Jackson (1973).

3.8.4.4 Magnésio (%)

O magnésio foi estimado pelo método do versenato de etileno diamina tetracetato (E.D.T.A.) (Heald, 1965). Os valores foram expressos em percentagem.

3.8.4.5 Cálcio (%)

O cálcio foi estimado pelo método do tetracetato de etileno diamina (E.D.T.A.) versenato (Heald, 1965). Os valores foram expressos em percentagem.

3.8.4.6 Cobre (ppm)

O teor de cobre foi estimado utilizando o espetrofotómetro de absorção atómica, tal como explicado por Piper (1966). O material digerido, após diluição adequada, foi diretamente introduzido no espetrofotómetro de absorção atómica (AAS) e a concentração destes elementos foi registada e expressa em ppm.

3.8.4.7 Zinco (ppm)

O teor de zinco foi estimado utilizando o espetrofotómetro de absorção atómica, tal como explicado por Piper (1966). O material digerido, após diluição adequada, foi diretamente introduzido no espetrofotómetro de absorção atómica (AAS) e a concentração destes elementos foi registada e expressa em ppm.

3.9 ANÁLISE ESTATÍSTICA

Os dados registados sobre os vários parâmetros durante o período de investigação foram tabulados e analisados no Fatorial Completely Randomized Design pelo procedimento estabelecido por Panse e Sukathme (1985) e as médias foram comparadas a um nível de significância de 5%.

Capítulo IV

RESULTADOS E DISCUSSÃO

A presente investigação intitulada **"Efeito dos fungos AM no crescimento, absorção de nutrientes, adaptação fisiológica e bioquímica de mudas de** *anona* **(***Annona squamosa* **L.)"** foi realizada de outubro de 2021 a maio de 2022 na Faculdade de Horticultura, Venkataramannagudem, Universidade de Horticultura Dr.YSR, distrito de West Godavari, Andhra Pradesh.

Foram registados dados sobre o crescimento, a absorção de nutrientes, os parâmetros fisiológicos e bioquímicos do crescimento das plântulas a intervalos regulares. Os dados foram analisados estatisticamente e os resultados são apresentados sob os seguintes títulos.

4.1 EXPERIMENTO I

Efeito dos fungos AM no crescimento e na absorção de nutrientes das plântulas de *anona* **(***Annona squamosa* **L.)**

4.1.1 Parâmetros de crescimento

4.1.1.1 Altura das plântulas (cm)

Os dados relativos à altura das plântulas de anona influenciada pelos fungos AM aos 70, 90, 110, 130 e 150 DAS são apresentados no quadro 4.1 e na figura 4.1.

Os fungos AM influenciaram significativamente a altura das mudas de anona. A altura máxima da plântula (19.27, 27.61, 38.98, 45.67 e 53.17 cm) foi registada em T3 (*G. fasiculatum* @ 1.5 g+ *G. leptotichum* @ 1.5 g) seguido de (18.14, 24.68, 33.65, 39.90 e 45.35 cm) TI (*G. fasiculatum* @ 3g) onde a altura mínima da plântula (13.35, 18.58, 22.89, 28.45 e 33.89 cm) foi registada em T4 (não micorrízico) aos 70, 90, 110, 130 e 150 DAS respetivamente.

Os fungos AM influenciaram significativamente a altura das plântulas de anona, o que pode dever-se à produção de auxinas, giberelinas, citocininas e vitaminas e também a um aumento do potencial hídrico das células através de um aumento da absorção de água pelas plântulas. Os compostos acima referidos e o aumento da absorção de água podem ajudar a planta no seu crescimento e desenvolvimento, aumentando a divisão celular e o potencial hídrico das células.

Tabela 4.1.Influência dos fungos AM na altura das plântulas (cm) em anoneira {*Annona squamosa* L.).

Tratamento	70 DAS	90 DAS	110 DAS	130 DAS	150 DAS
Ti *(G. fasiculatum* @ 3g)	18.14	24.68	33.65	39.90	45.35
T2 {*G. leptotichum* @ 3g)	17.09	22.93	30.03	36.87	42.78
T3 *(G. fasiculatum* @ 1,5 g + *G. leptotichum* @ 1,5 g)	19.27	27.61	38.98	45.67	53.17
T4 (Não micorrízico)	13.35	18.58	22.89	28.45	33.89
SE m +	0.09	0.17	0.23	0.38	0.44
CD a 5%	0.29	0.50	0.68	0.81	0.95

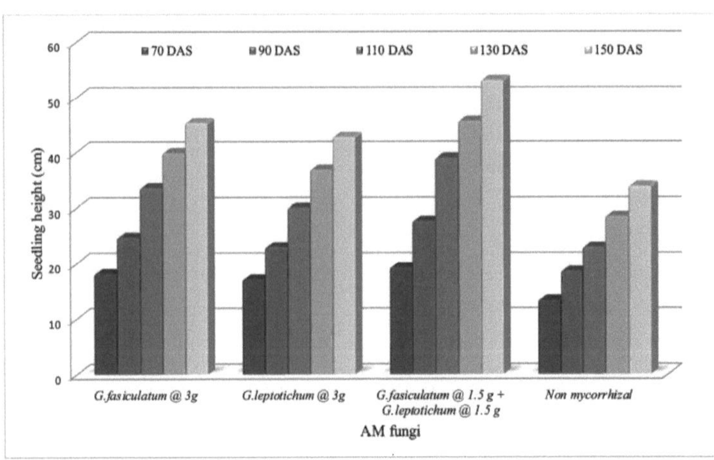

Figura 4.1 Efeito dos fungos AM na altura das plântulas (cm) de anoneira *{Annona squamosa* L.).

processos de multiplicação (Miller, 1971, Crafts e Miller, 1974, e Slankis, 1975). Achados semelhantes foram relatados por Singh *et al.* (2000) em laranja cv. mosambi, Rupnawar e Navale (2000) em romã, Oijha *et al.* (2008) em mudas de anona, Bhuiyan (2015) em mudas de tomate e Jiang *et al.* (2013) em mudas de bambu.

4.1.1.2 Número de folhas por plântula

Os dados relativos ao número de folhas produzidas sob a influência dos fungos AM aos 70, 90, 110, 130 e 150 DAS são apresentados no quadro 4.2. e na figura 4.2.

É evidente a partir dos dados que, independentemente do tratamento, o número de folhas produzidas por plântulas aumentou aos 70, 90, 110, 130 e 150 DAS. Devido à influência dos fungos AM, o número de folhas produzidas por plântulas diferiu significativamente. Um maior número de folhas (11.88, 16.38, 19.23, 22.34 e 25.12) foi observado em T3 (*G. fasiculatum* @ 1.5 g + *G. leptotichum* @ 1.5 g) seguido por T2- *G. leptotichum* @ 3 g (10.72, 14.74, 16.98, 20.89 e 22.13) e o menor número de folhas (8.48, 12.67, 15.12, 17.98 e 19.78) foram registados em T4 (não micorrízico) aos 70, 90, 110, 130 e 150 DAS respetivamente.

Os fungos AM aumentaram significativamente a produção de um maior número de folhas por plântula. Isto pode dever-se ao fornecimento contínuo de água e nutrientes como o azoto, fósforo, cobre, boro, zinco e enxofre ao tecido meristemático, o que ajuda a uma rápida proliferação de primórdios foliares, que por sua vez aumentam o número de folhas por plântula. A manutenção da humidade óptima do solo em torno do sistema radicular pode ajudar na síntese da hormona citocinina nas pontas das raízes, que é transportada para o sistema de rebentos através do tecido do xilema e ajuda na proliferação de um maior número de primórdios foliares por plântula (Mosse 1981). Os resultados estão de acordo com as descobertas anteriores de Reena e Bagyraj (1990) em tamarindo, Rupnawar e Navale (2000) em laranja cv. Mosambi e Bhuiyan (2015) em plântulas de tomate.

4.1.1.3 Diâmetro do caule (mm)

Os dados (Quadro 4.3 e Figura 4.3) revelaram uma influência significativa dos fungos AM no diâmetro do caule (mm) das plântulas de anona aos 70, 90, 110, 130 e 150 DAS, respetivamente.

Tabela 4.2. Influência dos fungos AM no número de folhas produzidas por plântula em anoneira *{Annona squamosa* L.).

Tratamento	70 DAS	90 DAS	110 DAS	130 DAS	150 DAS
Ti *(G. fasiculatum @ 3g)*	10.42	14.56	16.85	19.58	21.89
T2 *{G. leptotichum @ 3g)*	10.72	14.74	16.98	20.89	22.13
T3 *(G. fasiculatum @ 1,5 g + G. leptotichum @ 1,5 g)*	11.88	16.38	19.23	22.34	25.12
T4 (Não micorrízico)	8.48	12.67	15.12	17.98	19.78
SE m +	0.07	0.10	0.12	0.14	0.16
CD a 5%	0.22	0.31	0.36	0.43	0.48

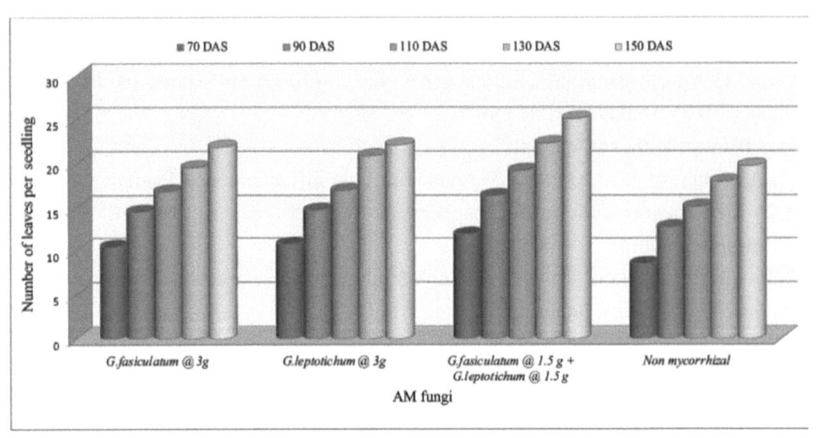

Figura 4.2 Efeito dos fungos AM no número de folhas por plântula em anoneira {*Annona squamosa* L.).

Tabela 4.3. Influência dos fungos AM no diâmetro do caule (mm) em plântulas de anoneira {*Annona squamosa* L.).

Tratamento	70 DAS	90 DAS	110 DAS	130 DAS	150 DAS
Ti *(G. fasiculatum @ 3g)*	3.04	3.75	4.09	4.56	4.99
T2 {*G. Ieptotichum @ 3g)*	3.12	4.06	4.45	5.01	5.87
T3 {*G. fasiculatum @ 1,5 g + G. Ieptotichum @ 1,5 g)*	3.65	4.42	4.85	5.45	6.13
T4 (Não micorrízico)	2.25	2.90	3.34	3.89	4.04
SE m +	0.02	0.03	0.03	0.03	0.04
CD a 5%	0.06	0.08	0.09	0.10	0.11

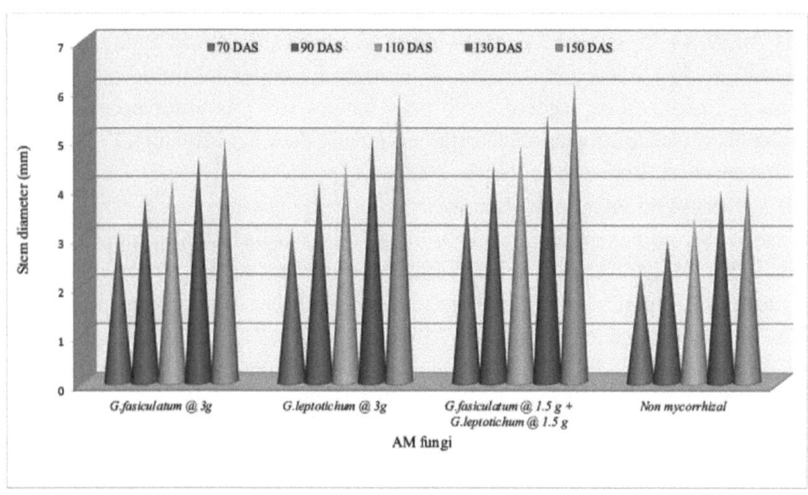

Figura 4.3. Efeito dos fungos AM no diâmetro do caule (mm) de plântulas de anoneira {*Annona squamosa* L.).

O diâmetro máximo do caule (3.65, 4.42, 4.85, 5.45 e 6.13 mm) foi registado em T3 (*G. fasiculatum* @ 1.5 g + *G. leptotichum* @ 1.5 g) seguido por T2 - *G. leptotichum* @ 3g (3.12, 4.06, 4.45, 5.01 e 5.87) e o diâmetro mínimo do caule (2.25, 2.90, 3.34, 3.89 e 4.04) foi encontrado em T4 (não micorrízico) aos 70, 90, 110, 130 e 150 DAS respetivamente.

O aumento do diâmetro do caule foi observado em plântulas de anona inoculadas com fungos AM pode ser devido a um aumento na disponibilidade de macro e micro nutrientes, o que ajuda na produção de um maior número de folhas fotossinteticamente activas, aumentando assim a produção de matéria seca e a sua acumulação no tecido do caule (Borah *et al.*, 1994). Achados semelhantes foram relatados por Singh *et al.* (2000) em laranja doce cv. Mosambi, Manjunath *et al.* (2001) em papaia e Jiang *et al.* (2013) em mudas de bambu.

4.1.1.4 Comprimento da raiz da plântula (cm)

Os dados registados sobre o comprimento das raízes das plântulas de anona aos 70, 90,

110, 130 e 150 DAS são apresentados no quadro 4.4. e na figura 4.4.

É evidente a partir dos dados que, independentemente dos tratamentos, o comprimento da raiz produzido por plântula aumentou aos 70, 90, 110, 130 e 150 DAS. O maior comprimento de raiz (17.03, 21.97, 26.56, 31.78 e 36.87) foi registado em T3 (*G. fasiculatum* @ 1.5 g + *G. leptotichum* @ 1.5g) seguido por T2 - *G. leptotichum* @ 3g (14.56, 19.65, 24.76, 27.08 e 31.90) enquanto que o comprimento mínimo da raiz (7.94, 10.89, 14.45, 17.67 e 21.34) foi registado em T4 (não micorrizado) aos 70, 90, 110, 130 e 150 DAS respetivamente. O aumento no comprimento da raiz pode ser atribuído à melhoria da saúde do solo pelos fungos AM. As observações estão em estreita proximidade com as descobertas em laranja doce cv. Mosambi, (Singh *et al.,* 2000) e em romã (Rupnawar e Navale, 2000).

4.1.1.5 Número de raízes por plântula

Os dados sobre o número de raízes por plântula influenciados pelos fungos AM aos 70, 90, 110, 130 e 150 DAS foram apresentados no quadro 4.5.

Os fungos AM influenciaram significativamente o número de raízes das plântulas de anoneira. Número máximo de raízes (57,14, 60,12, 65,32, 71,34 e 89,31)

Tabela 4.4.Influência dos fungos AM no comprimento da raiz das plântulas (cm) em plântulas de anoneira *{Annona squamosa* L.).

Tratamento	70 DAS	90 DAS	110 DAS	130 DAS	150 DAS
Ti *(G. fasiculatum @ 3g)*	12.56	17.78	21.00	24.78	29.67
T2 *{G. Ieptotichum @ 3g)*	14.56	19.65	24.76	27.08	31.90
T3 *{G. fasiculatum @ 1,5 g + G. Ieptotichum @ 1,5 g)*	17.03	21.97	26.56	31.78	36.87
T4 (Não micorrízico)	7.94	10.89	14.45	17.67	21.34
SE m +	0.18	0.25	0.31	0.36	0.43
CD a 5%	0.55	0.77	0.95	1.10	1.30

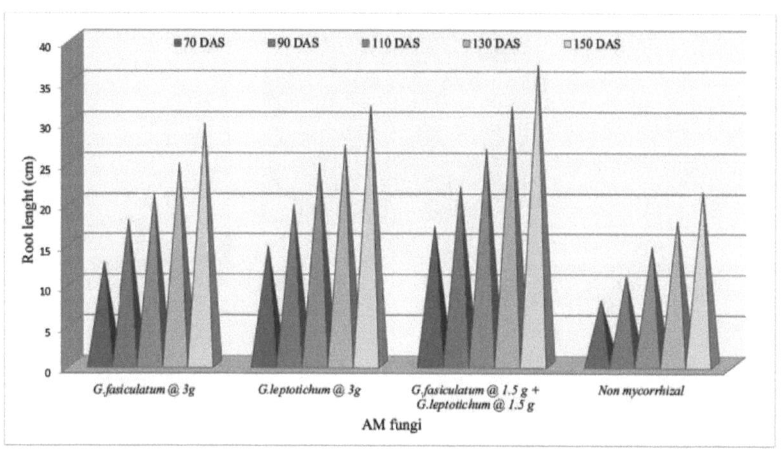

Figura 4.4. Efeito dos fungos AM no comprimento da raiz (cm) de plântulas de anoneira *{Annona squamosa* L.).

Tabela 4.5.Influência dos fungos AM no número de raízes produzidas em plântulas de anoneira *{Annona squamosa* L.).

Tratamento	70 DAS	90 DAS	110 DAS	130 DAS	150 DAS
Ti *(G. fasiculatum @ 3g)*	44.12	48.67	51.89	63.02	77.98
T2 *{G. Ieptotichum @ 3g)*	47.12	50.14	54.89	64.78	79.67
T3 *{G. fasiculatum @ 1,5 g + G. Ieptotichum @ 1,5 g)*	57.14	60.12	65.32	71.34	89.31
T4 (Não micorrízico)	29.56	33.45	38.12	42.31	50.34
SE m +	0.64	0.69	0.75	0.87	1.07
CD a 5%	1.95	2.10	2.28	2.62	3.24

Foto 4.1. Crescimento das mudas aos 70,110 DAS.

Foto 4.2. Crescimento das mudas aos 130 DAS.

Foto 4.3. Crescimento das mudas aos 150 DAS.

foram registados em T3 (*G. fasiculatum* @ 1.5 g + *G. leptotichum* @ 1.5 g) seguido de T2 - *G. leptotichum*@ 3g (47.12, 50.14, 54.89, 64.78 e 79.67) enquanto que o número mínimo de raízes (29.56, 33.45, 38.12, 42.31 e 50.34) foram registados em T4 (não micorrízico) aos 70, 90, 110, 130 e 150 DAS respetivamente .

A produção de substâncias de crescimento vegetal como citocininas, giberelinas e auxinas aumentou a capacidade de retenção de água e o fósforo prontamente disponível nas plântulas aplicadas por fungos AM poderia ter promovido o alongamento da raiz, o que leva a um aumento do tamanho e do número de pêlos radiculares (Edward e Lofty, 1980). Estes resultados foram apoiados por Bopaiah e Khader (1989) em pimenta preta.

4.1.1.6 Peso fresco do rebento (g)

Os dados apresentados no quadro 4.6 revelaram que o peso fresco das plântulas foi significativamente influenciado pelos fungos AM aos 70, 90, 110, 130 e 150 DAS.

O maior peso fresco de broto (4.36, 6.13, 7.87, 9.56 e 12.24) foi registrado em T3 (*G. fasiculatum* @ 1.5 g + *G. leptotichum* @ 1.5 g) seguido por T2 - *G. leptotichum* @ 3 g (3.79, 5.11, 5.67, 6.89 e 8.23) enquanto o menor peso fresco de rebentos (2.09, 2.89, 3.67, 4.34 e 5.93) foi registado em T4 (não micorrízico) aos 70, 90, 110, 130 e 150

DAS respetivamente.

Os fungos AM ajudaram a planta ao aumentar a taxa de translocação de sacarose das folhas expandidas através de uma fotossíntese melhorada. O aumento da fotossíntese pode ser a razão para o aumento do peso fresco do rebento. O aumento da área foliar nas plantas inoculadas resultou numa maior eficiência fotossintética. Os presentes resultados estão em consonância com as conclusões de Bhuiyan (2015) em plântulas de tomate e Boyer *et al.* (2014) em morango

4.1.1.7 Peso fresco da raiz (g)

É evidente a partir dos dados que, independentemente dos tratamentos, o peso fresco das raízes nas plântulas aumentou aos 70, 90, 110, 130 e 150 DAS (Quadro 4.7).

A aplicação de fungos AM influenciou significativamente o peso fresco da raiz nas plântulas. O maior peso fresco de raiz (2.20, 3.89, 4.98, 5.67 e 6.56) foi registado em T3 (*G. fasiculatum* @ 1.5 g + *G. leptotichum* @ 1.5 g) seguido de

Tabela 4.6. Influência dos fungos AM no peso fresco do rebento (g) em plântulas de anoneira *{Annona squamosa* L.).

Tratamento	70 DAS	90 DAS	110 DAS	130 DAS	150 DAS
Ti *(G. fasiculatum @ 3g)*	3.54	4.47	5.24	6.16	7.53
T2 *{G. Ieptotichum @ 3g)*	3.79	5.11	5.67	6.89	8.23
T3 *(G. fasiculatum @ 1,5 g + G. Ieptotichum @ 1,5 g)*	4.36	6.13	7.87	9.56	12.24
T4 (Não micorrízico)	2.09	2.89	3.67	4.34	5.93
SE m +	0.02	0.03	0.04	0.05	0.06
CD a 5%	0.07	0.10	0.12	0.15	0.18

Tabela 4.7. Influência dos fungos AM no peso fresco da raiz (g) em plântulas de anoneira *{Annona squamosa* L.).

Tratamento	70 DAS	90 DAS	110 DAS	130 DAS	150 DAS
Ti *(G. fasiculatum @ 3g)*	1.37	2.02	3.45	4.06	4.78
T2 *{G. Ieptotichum @ 3g)*	1.48	2.24	3.67	4.30	5.13
T3 *(G. fasiculatum @ 1,5 g + G. Ieptotichum @ 1,5 g)*	2.20	3.89	4.98	5.67	6.56
T4 (Não micorrízico)	1.12	1.67	2.01	2.45	3.45
SE m +	0.01	0.02	0.03	0.03	0.03
CD a 5%	0.03	0.05	0.08	0.09	0.11

por T2 - *G. leptotichum* @ 3g (1.48, 2.24, 3.67, 4.30 e 5.13) enquanto o peso fresco mais baixo da raiz (1.12, 1.67, 2.01, 2.45 e 3.45) foi registado em T4 (não micorrízico) aos 70, 90, 110, 130 e 150 DAS respetivamente.

O peso fresco da raiz foi mais elevado nas plântulas inoculadas com fungos AM, onde a infeção micorrízica foi maior. Esperava-se que uma maior infeção micorrízica expandisse os pêlos das raízes e aumentasse o volume da raiz, o que levou ao aumento da biomassa da raiz. Esses resultados corroboraram os achados de Bagheri *et al.*

(2018) em zinna, Bhuiyan *et al.* (2015) em mudas de tomate e Boyer *et al.* (2014) em morango.

4.1.1.8 Peso seco do rebento (g)

É evidente a partir dos dados que, independentemente dos tratamentos, o peso seco do rebento por plântula aumentou aos 70, 90, 110, 130 e 150 DAS (Quadro 4.8).

A aplicação de fungos AM influenciou significativamente o peso seco de brotos em mudas. O peso seco máximo do broto (2.01, 3.21, 4.13, 5.32 e 6.63) foi observado em T3 (*G. fasiculatum* @ 1.5 g + *G. leptotichum* @ 1.5 g) seguido por T2 - *G. leptotichum* @ 3 g (1.23, 2.59, 3.98, 4.89 e 5.97) enquanto o peso mínimo de broto (0.86, 1.47, 2.23, 2.79 e 3.11) foi observado em T4 (não micorrízico) aos 70, 90, 110, 130 e 150 DAS respetivamente.

O aumento do peso seco do rebento pode dever-se à produção de um maior número de folhas por plântula e a uma maior altura da plântula. Nas plântulas inoculadas com fungos AM, foi registada uma maior acumulação de biomassa devido ao aumento da absorção de nutrientes e à maior fotossíntese. Os presentes resultados estão em consonância com os achados de Bagheri *et al.* (2018) em zinna, Jiang *et al.* (2013) em mudas de bambu e Ortas *et al.* (2011) em mudas de pimenta.

4.1.1.9 Peso seco da raiz (g)

Na presente investigação, o peso seco da raiz foi significativamente influenciado pelos fungos AM aos 70, 90, 110, 130 e 150 DAS (Quadro 4.9).

O peso seco máximo da raiz (0,75, 1,45, 2,34, 3,12 e 3,98) foi registado em T3 (*G. fasiculatum* @ 1,5 g + *G. leptotichum* @ 1,5 g) seguido de

Tabela 4.8. Influência dos fungos AM no peso seco do rebento (g) em plântulas de anoneira *{Annona squamosa* L.).

Tratamento	70 DAS	90 DAS	IIODAS	130 DAS	150 DAS
Ti *(G. fasiculatum* @ 3g)	1.02	2.12	3.57	4.32	5.42
T2 *{G. leptotichum* @ 3g)	1.23	2.59	3.98	4.89	5.97
T3 *(G. fasiculatum* @ 1,5 g + *G. leptotichum* @ 1,5 g)	2.01	3.21	4.13	5.32	6.63
T4 (Não micorrízico)	0.86	1.47	2.23	2.79	3.11
SE m +	0.09	0.10	0.13	0.14	0.16
CD a 5%	0.26	0.28	0.37	0.39	0.46

Tabela 4.9. Influência dos fungos AM no peso seco da raiz (g) em mudas de anonáceas *{Annona squamosa* L.).

Tratamento	70 DAS	90 DAS	110 DAS	130 DAS	150 DAS
Ti *(G. fasiculatum* @ 3g)	0.31	0.78	1.57	1.97	2.56
T2 *{G. leptotichum* @ 3g)	0.43	0.99	1.80	2.34	3.11
T3 *(G. fasiculatum* @ 1,5 g + *G. leptotichum* @ 1,5 g)	0.75	1.45	2.34	3.12	3.98
T4 (Não micorrízico)	0.25	0.45	0.98	1.25	1.67

SE m +	0.07	0.07	0.14	0.20	0.20
CD a 5%	0.10	0.20	0.30	0.60	0.60

T2 - *G. leptotichum* @ 3g (0.43, 0.99, 1.80, 2.34 e 3.11) e o menor peso seco de raiz (0.25, 0.45, 0.98, 1.25 e 1.67) foi registado em T4 (não micorrízico) aos 70, 90, 110, 130 e 150 DAS respetivamente.

O aumento do número de raízes, o comprimento da raiz e o maior peso fresco das raízes resultaram em maior peso seco da raiz. Resultados semelhantes foram relatados em mudas de bambu (Jiang *et al.*, 2013), mudas de pimenta (Ortas *et al.*, 2011), zinna (Bagheri *et al.*, 2018) e pepino (Chen *et al.*, 2017).

4.1.1.10 Dependência micorrízica (%)

Os dados relativos à dependência micorrízica aos 70, 90, 110, 130 e 150 DAS são apresentados no quadro 4.10.

A dependência micorrízica foi significativamente máxima (173, 201, 208, 221 e 250) em T3 (*G. fasiculatum* @ 1.5 g + *G. leptotichum* @ 1.5g) seguido por T2 - *G. leptotichum* @ 3g (133, 150, 178, 180 e 189) e nenhuma dependência micorrízica foi registada em T4 (não micorrízico) aos 70, 90, 110, 130 e 150 DAS respetivamente.

A dependência micorrízica pode ter influenciado positivamente a biomassa e a absorção de nutrientes das plântulas. Os tratamentos com maior dependência micorrízica registaram maior acumulação de biomassa e maior absorção de nutrientes (Wen-Ying e Xian-Gui, 1989). Os resultados sobre a dependência micorrízica estão em conformidade com as conclusões de Sonawane *et al.* (1997) sobre a uva, Rupnawar e Navale (2000) sobre a romã.

4.1.1.11 Clorofila total (mg g^{-1} peso fresco)

É evidente a partir dos dados que, independentemente dos tratamentos, o conteúdo total de clorofila por plântula aumentou aos 70, 90, 110, 130 e 150 DAS (Quadro 4.11 e figura 4.5).

O conteúdo total de clorofila foi significativamente influenciado pelos tratamentos com fungos AM. O conteúdo máximo de clorofila total (8.91, 9.56, 10.74, 11.00 e 12.16) foi registado em T3 (*G. fasiculatum* @ 1.5 g + *G. leptotichum* @ 1.5 g) seguido por T2- *G. leptotichum* @ 3g (8.32, 9.47, 10.07, 10.43 e 10.84) enquanto

Tabela 4.10. Influência dos fungos AM na dependência micorrízica (%) em mudas de anonáceas *{Annona squamosa* L.).

Tratamento	70 DAS	90 DAS	110 DAS	130 DAS	150 DAS
Ti *(G. fasiculatum* @ 3g)	119	140	155	160	166
T2 *{G. Ieptotichum* @ 3g)	133	150	178	180	189
T3 *{G. fasiculatum* @ 1,5 g + *G. Ieptotichum* @ 1,5 g)	173	201	208	221	250
T4 (Não micorrízico)	-	-	-	-	-
SE m +	-	-	-	-	-
CD a 5%	-	-	-	-	-

Tabela 4.11. Influência de fungos AM no conteúdo total de clorofila (mg g^{-1}) em

mudas de anonáceas *{Annona squamosa* L.).

Tratamento	70 DAS	90 DAS	110 DAS	130 DAS	150 DAS
Ti *(G. fasiculatum @ 3g)*	8.23	9.35	9.98	10.12	10.81
T2 *{G. Ieptotichum @ 3g)*	8.32	9.47	10.07	10.43	10.84
T3 *(G. fasiculatum @ 1,5 g + G. Ieptotichum @ 1,5 g)*	8.91	9.56	10.74	11.00	12.16
T4 (Não micorrízico)	6.75	7.89	8.50	9.09	9.74
SE m +	0.06	0.07	0.09	0.11	0.28
CD a 5%	0.19	0.22	0.29	0.33	0.86

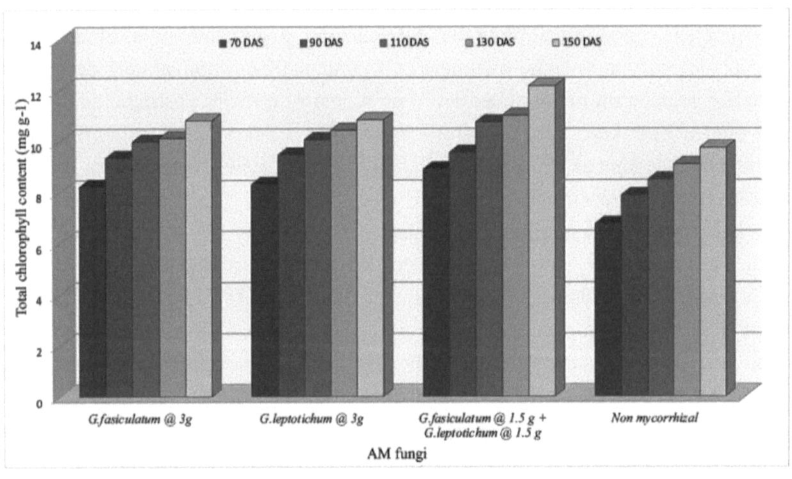

Figura 4.5. Efeito dos fungos AM no conteúdo total de clorofila (mg g$^{\wedge 1}$) da plântula de anoneira *{Annona squamosa* L.).

O teor mínimo de clorofila (6,75, 7,89, 8,50, 9,09, 9,74) foi registado em T4 (não micorrízico) aos 70, 90, 110, 130 e 150 DAS, respetivamente.

O aumento do teor de clorofila total nas plântulas inoculadas com fungos AM deveu-se ao efeito direto da associação simbiótica entre o hospedeiro e os fungos. Esta associação levou a uma maior absorção de água e de nutrientes, o que resultou numa maior biossíntese de clorofila. Um maior teor de clorofila foi acompanhado de um maior teor de azoto, uma vez que a molécula de clorofila retém o azoto, a absorção de azoto induzida pelos fungos AM pode ter aumentado o teor total de clorofila nas plântulas inoculadas (Clapperton e Reid 1992).

Os resultados estão em conformidade com Manoharan *et al.* (2010) em *Erythrina variegate* e Nagarajappa *et al.* (2003) em papaia.

4.1.1.12 Rácio raiz/parte aérea

É evidente a partir dos dados que, independentemente dos tratamentos, a relação raiz/parte aérea por plântula aumentou aos 70, 90, 110, 130 e 150 DAS (Quadro 4.12). A relação raiz/parte aérea foi significativamente influenciada pelos fungos AM. A maior relação raiz/parte aérea (0.37, 0.45, 0.56, 0.58 e 0.60) foi observada em T3 (*G. fasiculatum* @ 1.5 g + *G. leptotichum* @ 1.5 g) seguido por T2 - *G. leptotichum* @ 3g (0.35, 0.38, 0.45, 0.48, 0.52) enquanto que a menor relação raiz/parte aérea (0.30, 0.31, 0.36, 0.38, 0.41) foi registada em T4 (não micorrízico) aos 70, 90, 110, 130 e 150 DAS respetivamente.

O rácio raiz/parte aérea máximo indica um maior desenvolvimento do sistema radicular com uma absorção eficiente de nutrientes (Clapperton e Reid 1992). Relatórios semelhantes foram encontrados por Khade *et al.* (2009) na papaia.

4.1.2 Análise da absorção de nutrientes

4.1.2.1 Azoto (%)

Os dados sobre a absorção de azoto na planta mostraram uma influência significativa dos fungos AM na absorção de azoto pelas plântulas aos 150 DAS (Quadro 4.13 e fig. 4.13).

A absorção máxima de azoto (1,61) foi registada no tratamento T3 (*G. fasiculatum* @ 1,5 g + *G. leptotichum* @ 1,5 g) e seguida por T2 - *G.*

Tabela 4.12. Influência dos fungos AM no rácio raiz/parte aérea em plântulas de *anona (Annona squamosa* L.).

Tratamento	70 DAS	90 DAS	110 DAS	130 DAS	150 DAS
Ti *(G. fasiculatum* @ 3g)	0.34	0.37	0.44	0.46	0.47
T2 *(G. leptotichum* @ 3g)	0.35	0.38	0.45	0.48	0.52
T3 *(G. fasiculatum* @ 1,5 g + G. leptotichum* @ 1,5 g)	0.37	0.45	0.56	0.58	0.60
T4 (Não micorrízico)	0.30	0.31	0.36	0.38	0.41
SE m +	0.03	0.03	0.04	0.05	0.04
CD a 5%	0.09	0.09	0.12	0.15	0.12

leptotichum @ 3g (1,43), enquanto o menor (0,79) foi registado em T4 (não micorrízico).

A elevada absorção de azoto em plantas inoculadas com fungos AM pode dever-se à elevada procura de azoto devido à maior absorção de fósforo (Ames *et al.,* 1983, Azcon e Bago (1994). Os fungos AM aumentaram a quantidade de azoto no solo e utilizaram o azoto disponível de forma mais eficiente do que as plantas não inoculadas. Resultados semelhantes foram observados no café (Parra *et al.*, 1990), na uva (Sonawane *et al.,* 1997) e na maçã (Thakur *et al.*, 2005).

4.1.2.2 Fósforo (%)

Os dados sobre a percentagem de absorção de fósforo na planta mostraram uma influência significativa dos fungos AM na absorção de fósforo aos 150 DAS (Quadro 4.13).

A absorção de fósforo (0,23) foi maior em T3 (*G. fasiculatum* @ 1,5 g +*G. leptotichum* @ 1,5 g) seguido por T2 - *G. leptotichum* @ 3 g (0,18%) enquanto o menor (0,13) foi registado em T4 (não micorrízico).

Os fungos AM aumentaram principalmente a absorção de fósforo devido ao aumento do volume de solo explorado por hifas de fungos AM do que plantas não inoculadas (Bolan, 1991); aumentaram a disponibilidade de fosfatos menos solúveis como fosfatos de ferro, fosfatos de cálcio (Bolan *et al.*, 1987, Graw, 1979, Toro *et al.*, 1996) , RNA (Jayachandran *et al.*, 1992) e fitatos (Nurlaeny *et al.*, 1996, Tarafdar e Marschner, 1994), que estavam na forma orgânica. Foram registados resultados semelhantes na manga (Balkrishna e Bagyaraj, 1994), na banana (Declerck *et al.*, 1994) e na uva (Karagiannidis *et al.*, 1995).

4.1.2.3 Potássio (%)

Os dados sobre a percentagem de potássio nas plântulas mostraram uma influência significativa dos fungos AM na absorção de potássio aos 150 DAS (Quadro 4.13.).

O consumo de potássio foi máximo (0,56) em T3 (*G. fasiculatum* @ 1,5 g + *G. leptotichum* @ 1,5 g) seguido por T2 - *G. leptotichum* @ 3g (0,52%) enquanto o menor (0,35) foi registado em T4 (não micorrízico) .

O aumento da absorção de potássio pode dever-se ao aumento do volume do solo explorado por hifas extra radicais que ajudaram a colmatar as lacunas entre as raízes e o solo e também ajudaram a ligar as partículas do solo umas às outras (Aguilar *et al.*, 1993). Resultados semelhantes foram registados na manga (Balkrishna e Bagyaraj, 1994), na banana (Declerck *et al.*, 1994) e na uva (Karagiannidis *et al.*, 1995).

Tabela 4.13. Influência dos fungos AM na absorção de N, P e K em plântulas de anoneira *{Annona squamosa* L.) aos 150 DAS.

Tratamento	N	P	K
Ti *(G. fasiculatum* @ 3g)	1.24	0.17	0.49
T2 *{G. Ieptotichum* @ 3g)	1.43	0.18	0.52
T3 *(G. fasiculatum* @ 1,5 g + *G. Ieptotichum* @ 1,5 g)	1.61	0.23	0.56
T4 (Não micorrízico)	0.79	0.13	0.35
SE m +	0.02	0.05	0.27
CD a 5%	0.06	0.15	0.82

4.2 EXPERIMENTO II

Adaptação morfológica, fisiológica, bioquímica e teor de nutrientes de plântulas de anoneira inoculadas com fungos AM em condições de stress hídrico

4.2.1 Parâmetros morfológicos e fisiológicos
4.2.1.1 Comprimento da raiz (cm)

Os dados apresentados no quadro 4.14 indicam uma influência significativa dos fungos AM, do stress hídrico e da sua interação no comprimento da raiz das plântulas de anona.

Entre os tratamentos com fungos AM, A3 (*G. fasiculatum* @ 1.5g + *G. leptotichum* @ 1.5 g) registou o maior comprimento de raiz (30.88) seguido de A2 - *G. leptotichum* @ 3g (28.00), enquanto que o menor comprimento de raiz (18.63) foi registado em A4 (não micorrízico).

Entre os tratamentos de stress hídrico, o stress hídrico durante 0 dias (S3) apresentou o maior comprimento de raiz (29,95) e o menor (22,29) foi registado em S2 (stress hídrico durante 20 dias).

O efeito da interação entre os fungos AM e o stress hídrico influenciou significativamente o comprimento da raiz. A combinação de tratamentos A3S3 (*G. fasiculatum* @ 1.5g + *G. leptotichum* @ 1.5g com stress hídrico durante 0 dias) mostrou um maior comprimento de raiz (36.87) seguido de A2S3 - *G. leptotichum* @ 3g com stress hídrico durante 0 dias (31.90) e o menor comprimento de raiz (15.89) em A4S2 (não micorrízico com stress hídrico durante 20 dias).

O comprimento máximo da raiz observado nas plântulas de anona inoculadas com fungos AM pode ser atribuído à presença de uma maior percentagem de colonização da raiz por fungos AM (76,38%). O aumento da área de superfície externa das hifas fúngicas ajudou na absorção de água e nutrientes do solo, mesmo sob condições de stress hídrico, aumentando assim a divisão celular e as actividades de alongamento celular no tecido meristamático da raiz e também a manutenção das células em condições túrgidas (Qi *et al.*, 2000).

O comprimento da raiz foi maior nas plântulas de anona cultivadas com stress hídrico durante 0 dias do que nas plântulas cultivadas em condições de stress hídrico impostas.

Tabela 4.14. Influência dos fungos AM no comprimento da raiz (cm) de plântulas de anoneira *{Annona squamosa* L.) em condições de stress hídrico.

Fungos AM (A)	Estado de stress hídrico (S)			
	Si (10 dias)	S₂ (IOdays)	S3 (0 dias)	Média
Ai (*G. fasiculatum* @ 3g)	27.09	23.67	29.67	**26.81**
A2 *(G. Ieptotichum* @ 3g)	28.13	23.97	31.90	**28.00**
A3 *(G. fasiculatum* @ 1,5g + *G. Ieptotichum* @ 1,5g)	30.14	25.65	36.87	**30.88**
A4 (Não micorrízico)	18.67	15.89	21.35	**18.63**
Média	**26.00**	**22.29**	**29.95**	
Factores	SE m +		CD a 5%	
Fungos AM (A)	0.23		0.69	
Estado de stress hídrico (S)	0.20		0.60	
Fungos AM (A) X Condição de	0.41		1.20	

| stress hídrico (S) | | |

continuamente por 10 e 20 dias pode ser devido à manutenção de uma maior pressão de turgor celular que leva a uma maior expansão celular, como relatado anteriormente por Lu *et al.* (2003) em jujuba selvagem e Wu e Xia (2006) em plântulas de poncirus.

4.2.1.2 Taxa fotossintética (μ mol m^{-2} s)$^{-1}$

Uma análise dos dados indicou que houve uma influência significativa dos fungos AM, do stress hídrico e da sua interação na taxa fotossintética das plântulas de anona (Quadro 4.15 e figura 4.6).

Entre os tratamentos com fungos AM, a taxa fotossintética mais alta (8,96) foi registada com A3 (*G. fasiculatum* @ 1,5g + *G. leptotichum* @ 1,5g) seguido de A2 - *G. leptotichum* @ 3g (8,77) enquanto a taxa fotossintética mais baixa (6,22) foi registada em A4 (não micorrízico).

Entre os tratamentos de stress hídrico, o stress hídrico durante 0 dias (s3) apresentou uma taxa fotossintética máxima (9,76), enquanto a taxa fotossintética mais baixa (6,60) foi observada em S2 (stress hídrico durante 20 dias).

O efeito de interação entre os fungos AM e o stress hídrico influenciou significativamente a taxa fotossintética das plântulas. A combinação de tratamentos A3S3 (*G. fasiculatum* @ 1.5g + *G.leptotichum* @ 1.5g com stress hídrico durante 0 dias) mostrou a taxa fotossintética máxima (10.35) seguida de A2S3 - *G. leptotichum* @ 3g com stress hídrico durante 0 dias (10.23) e a taxa fotossintética mais baixa (4.97) foi registada em A4S2 (não micorrízico com stress hídrico durante 20 dias).

A taxa fotossintética foi máxima em mudas de anoneira inoculadas com o tratamento A3, *ou seja,* combinação de fungos AM (*G. fasiculatum* @ 1,5g + *G. leptotichum* @ 1,5g) do que as mudas de anoneira inoculadas com o tratamento A4 (não micorrízico), o que pode ser atribuído a uma maior condutância estomática (0,58 m molm^{-2} s^{-1}), que ajudou a uma maior troca gasosa, aumentando assim a taxa fotossintética. A presença de quantidades mais elevadas de teor total de clorofila nas folhas (10,22 mgg^{-1} peso fresco) também pode ter melhorado a taxa fotossintética nas plantas inoculadas. A maior absorção de nutrientes de fósforo em plantas inoculadas com FMA em comparação com plantas não inoculadas com FMA de tamanho semelhante também pode ter influência positiva no processo fotossintético.

Tabela 4.15. Influência da taxa fotossintética de fungos AM (μ mol m$^{\wedge 2}$ s$^{\wedge 1}$) de mudas de anonáceas *{Annona squamosa* L.) sob condição de estresse hídrico.

Fungos AM (A)	Estado de stress hídrico (S)			
	Si (10 dias)	S$_2$ (IOdays)	S3 (0 dias)	Média
Ai (*G. fasiculatum* @ 3g)	8.77	6.77	10.14	**8.56**
A2 *(G. Ieptotichum* @ 3g)	8.97	7.12	10.23	**8.77**
A3 *(G. fasiculatum* @ 1,5g + *G. Ieptotichum* @ 1,5g)	9.01	7.54	10.35	**8.96**
A4 (Não micorrízico)	5.36	4.97	8.34	**6.22**
Média	**8.02**	**6.60**	**9.76**	

Factores	SE m +	CD a 5%
Fungos AM (A)	0.07	0.21
Estado de stress hídrico (S)	0.06	0.18
Fungos AM (A) X Condição de stress hídrico (S)	0.12	0.37

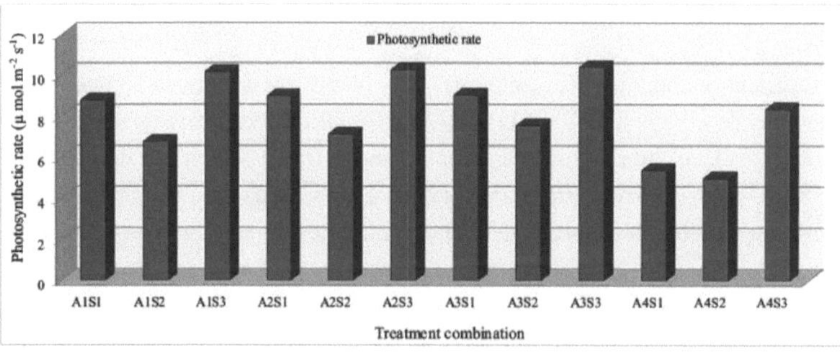

Figura 4.6. Efeito dos fungos AM Taxa fotossintética (μ mol m-2 s-1) de plântulas de anoneira (*Annona squamosa* L.) sob condição de stress hídrico.

A1S1 (*G. fasciculatum* @ 3g+ 10 dias) A2S3 (*G. leptotichum* @ 3g+ 20 dias) A3S1 (*G. fasiculatum* @ 1.5g + *G. leptotichum* @ 1.5g + 0 dias) A1S2 (*G. fasciculatum* @ 3g+ 20 dias) A2S1 (*G. leptotichum* @ 3g+ 0 dias) A4S2 (Não micorrízico +10 dias) A1S3 (*G. fasciculatum* @ 3g+ 0 dias) A3S1 (*G. fasiculatum* @ 1.5g + *G. leptotichum* @ 1.5g + 10 dias) A4S3 (Não micorrízico +20 dias) A2S2 (*G. leptotichum* @ 3g+ 10 dias) A3S1 (*G. fasiculatum* @ 1.5g + *G. leptotichum* @ 1.5g + 20 dias) A4S1 (Não micorrízico + 0 dias)

A taxa fotossintética foi máxima (9,76 μ mol m⁻ 2 s⁻ 1) nas plântulas de anona cultivadas sob stress hídrico durante 0 dias (s3) e a taxa fotossintética mínima (6,60 μmol m^{-2} s^{-1}) foi observada nas plântulas de anona cultivadas sob stress hídrico contínuo durante 20 dias (s2). Isto pode ser devido ao fecho parcial dos estomas através da produção de ABA em condições de stress hídrico, como pode ser evidente a partir dos dados sobre a diminuição da condutância estomática (0,31 m mol *m~ s~[21]*).

O transporte de nutrientes, especialmente de potássio, diminuiu, reduzindo assim a condutância estomática devido à falta de acumulação adequada de pressão de turgor nas células-guarda, o que acabou por reduzir a taxa fotossintética nas plântulas de anona.

Resultados semelhantes foram obtidos por Kumar *et al.* (2014) em anola Dutta *et al.* (2015) em mudas de Jatti khatti. Zhang *et al.* (2010) em mudas de *Casuarina equisetifolia.*

4.2.1.3 Condutância estomática (m mol m^{-2} s)$^{-1}$

Os dados registados sobre a condutância estomática das plântulas foram significativamente influenciados por fungos AM, stress hídrico e a sua interação (Quadro 4.16 e figura 4.7).

Entre os tratamentos com fungos AM, A3 (*G. fasiculatum @* 1.5g + *G. leptotichum @* 1.5g) registou a maior condutância estomática (0.58) seguido de A2 - *G. leptotichum @* 3g (0.51) enquanto que a menor condutância estomática (0.28) foi obtida em A4 (não micorrízico).

A condutância estomática foi máxima nas plântulas de anona tratadas com o tratamento A3 de combinação de fungos AM (*Glomus fasiculatum @* 1,5g + *Glomus leptotichum @* 1,5g) do que nas plântulas de anona tratadas com o tratamento A4 (não micorrízico), o que pode ser atribuído à rápida expansão da área de superfície externa das hifas, que ajudou na absorção de água e nutrientes do solo, mesmo sob condições de stress, melhorando assim a pressão de turgor nas células guardas, bem como a condutância estomática.

Entre os tratamentos de stress hídrico, o nível de stress hídrico durante 0 dias (S3) mostrou uma condutância estomática máxima (0,64) e a mais baixa (0,31) foi registada em S2 (stress hídrico durante 20 dias). Isto pode dever-se ao fecho parcial dos estomas através da produção da hormona ABA em condições de stress hídrico, uma vez que pode ser

Tabela 4.16. Influência dos fungos AM na condutância estomática (em mol un^2 s$^{\wedge 1}$) de plântulas de anoneira *{Annona squamosa* L.) sob condições de stress hídrico.

Fungos AM (A)	Estado de stress hídrico (S)			
	Si(IOdias)	S$_2$ (20 dias)	S3 (0 dias)	Média
Ai (*G. fasiculatum @* 3g)	0.43	0.31	0.68	**0.47**
A2 *(G. Ieptotichum @* 3g)	0.47	0.35	0.71	**0.51**
A3 *(G. fasiculatum @* 1,5g + *G. Ieptotichum @* 1,5g)	0.54	0.39	0.82	**0.58**
A4 (Não micorrízico)	0.28	0.19	0.37	**0.28**
Média	**0.43**	**0.31**	**0.64**	
Factores	SE m +		CD a 5%	
Fungos AM (A)	0.04		0.13	
Estado de stress hídrico (S)	0.04		0.11	
Fungos AM (A) X Condição de stress hídrico (S)	0.08		0.22	

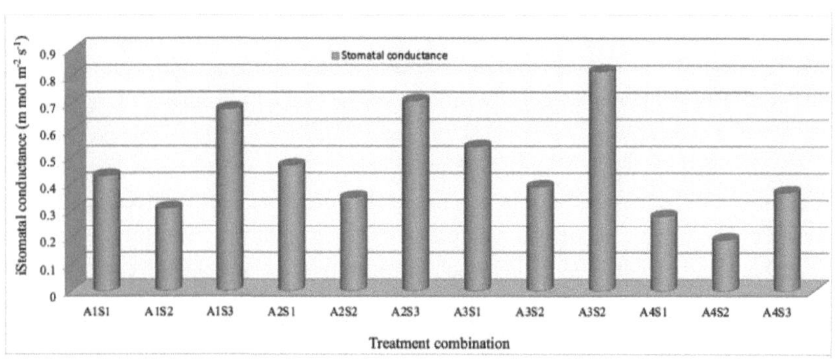

Figura 4.7. Efeito dos fungos AM Condutância estomática (m mol $_{m-2\ s-1}$) de plântulas de anoneira (*Annona squamosa* L.) em condições de stress hídrico.

A1S1 (*G. fasciculatum* @ 3g+ 10 dias) A2S3 (*G. leptotichum* @ 3g+ 20 dias) A3S1 (*G. fasiculatum* @ 1.5g + *G. leptotichum* @ 1.5g + 0 dias) A1S2 (*G. fasciculatum* @ 3g+ 20 dias) A2S1 (*G. leptotichum* @ 3g+ 0 dias A4S2 (Não micorrízico +10 dias) A1S3 (*G. fasciculatum* @ 3g+ 0 dias) A3S1 (*G. fasiculatum* @ 1.5g + *G. leptotichum* @ 1.5g + 10 dias A4S3 (Não micorrízico +20 dias) A2S2 (*G. leptotichum* @ 3g+ 10 dias) A3S1 (*G. fasiculatum* @ 1.5g + *G. leptotichum* @ 1.5g + 20 dias) A4S1 (Não micorrízico + 0 dias)

evidente a partir dos dados registados sobre a condutância estomática (0,31 m mol m^{-2} s^{-1}) e também devido à diminuição do teor relativo de água (83,47%) das plântulas de anona cultivadas sob stress hídrico contínuo durante 20 dias (s2). O transporte de nutrientes, especialmente de potássio, diminuiu sob stress hídrico, reduzindo assim a condutância estomática devido à falta de acumulação adequada de pressão de turgor nas células guarda.

O efeito de interação entre os fungos AM e o stress hídrico influenciou significativamente a condutância estomática. A combinação de tratamento A3S3 (*G.*

fasiculatum @ 1,5g + *G.leptotichum* @ 1,5g sem stress hídrico) mostrou a maior condutância estomática (0,82) seguida por A2S3 - *G. leptotichum* @ 3g com stress hídrico durante 0 dias (0,71) enquanto a menor (0,19) foi observada em A4S3 (não micorrízico com stress hídrico durante 20 dias). Os presentes resultados estão em consonância com os achados de Dutta *et al.* (2015) em mudas de Jatti khatti, Zhang *et al.* (2010) em mudas de *Casuarina equisetifolia*.

4.2.1.4 Teor relativo de água (%)

Os dados registados revelaram que o teor relativo de água (%) foi significativamente influenciado pelos fungos AM, pelo stress hídrico e pela sua interação (Quadro 4.17). Foi observada uma influência significativa entre os tratamentos com fungos AM e não micorrízicos. Entre os tratamentos com fungos AM, o maior conteúdo relativo de água (90,73) foi observado em A3 (*G.fasiculatum* @ 1,5g + *G.leptotichum* @ 1,5g) seguido por A2 - *G.leptotichum* @ 3g (89,14) enquanto o menor conteúdo relativo de água (82,65) foi registado em A4 (não micorrízico).

As plântulas de anona associadas a fungos AM mostraram uma percentagem mais elevada de RWC em comparação com o tratamento de controlo. A melhor RWC pode ser atribuída a uma melhor absorção de água através de uma maior exploração do volume do solo, melhor nutrição das plantas e ou regulação da condutância estomática através da biossíntese hormonal. A área de absorção de água pode também aumentar através de um aumento das colónias de fungos AM (76,38%) e do crescimento de hifas de fungos, eliminando assim as zonas secas à volta das radículas em crescimento durante o período de baixa humidade.

Tabela 4.17. Influência dos fungos AM no conteúdo relativo de água (%) de plântulas de anoneira *(Annona squamosa* L.) sob condições de stress hídrico.

Fungos AM (A)	Estado de stress hídrico (S)			
	Si (10 dias)	S₂ (IOdays)	S3 (0 dias)	Média
Ai (*G. fasiculatum* @ 3g)	90.08 (71.70)	83.14 (65.76)	91.79 (73.45)	**88.34** **(70.30)**
A2 (*G. Ieptotichum* @ 3g)	90.12 (71.43)	84.47 (66.80)	92.84 (75.61)	**89.14** **(71.05)**
A3 (*G. fasiculatum* @ 1,5g + *G. Ieptotichum* @ 1,5g)	91.78 (73.43)	86.79 (68.71)	93.61 (75.53)	**90.73** **(72.56)**
A4 (Não micorrízico)	80.47 (63.77)	79.50 (63.07)	87.98 (69.74)	**82.65** **(65.53)**
Média	**88.11** **(70.16)**	**83.47 (66.08)**	**91.55 (73.3)**	
Factores	SE m +		CD a 5%	
Fungos AM (A)	0.76		2.27	
Estado de stress hídrico (S)	0.65		1.97	
Fungos AM (A) X Condição de stress hídrico (S)	1.31		2.73	

(Os números entre parêntesis indicam a transformação angular)

Entre os tratamentos de stress hídrico, o stress hídrico durante 0 dias (s3) apresentou um teor relativo de água máximo (91,55), enquanto o teor relativo de água mais baixo (83,47) foi registado em S2 (stress hídrico durante 20 dias). O RWC foi baixo nas plântulas de anoneira cultivadas sob stress hídrico contínuo durante 20 dias (s2) do que nas plântulas de anoneira cultivadas sob stress hídrico durante 0 dias (s3), o que pode ser devido ao baixo potencial hídrico do solo e à criação de zonas secas nas radículas, reduzindo assim o teor de água nos tecidos das plântulas de anoneira.

O efeito da interação entre os fungos AM e o stress hídrico influenciou significativamente o conteúdo relativo de água. A combinação de tratamento A3S3 (*G. fasiculatum @* 1.5g + *G.leptotichum @* 1.5g com stress hídrico durante 0 dias) mostrou o maior conteúdo relativo de água (93.61) seguido de A2S3 - *G. leptotichum @* 3g com stress hídrico durante 0 dias (92.84) enquanto o menor conteúdo relativo de água (79.50) foi registado em A4S2 (não micorrízico com stress hídrico durante 20 dias). Os resultados sobre o conteúdo relativo de água estão em conformidade com as descobertas de Zhi *et al.* (2010) em mudas de *Cucumis melo*.

4.2.1.5 Colonização por fungos AM (%)

A colonização por fungos AM (%) das plântulas foi significativamente influenciada por fungos AM, stress hídrico e a sua interação. (Tabela 4.18)

Foi observada uma influência significativa entre os tratamentos com fungos AM e não micorrízicos. Entre os tratamentos com fungos AM, a maior colonização de fungos AM (76,38) foi registada em A3 (*G. fasiculatum @* 1,5g + *G. leptotichum @* 1,5 g) seguido de A2 - *G.leptotichum @* 3g (74,19) e nenhuma colonização foi observada em A4 (não micorrízico).

Nos tratamentos de stress hídrico, o stress hídrico durante 0 dias (s3) mostrou uma colonização máxima (58,65) de fungos AM e menos (52,61%) em S2 (stress hídrico durante 20 dias). O efeito da interação entre os fungos AM e o stress hídrico influenciou significativamente a colonização por fungos AM. A combinação de tratamento A3S3 (*G. fasiculatum @* 1.5g + *G. leptotichum @* 1.5g com stress hídrico durante 0 dias) registou a maior colonização de fungos AM (80.34) seguida de (78.13) A2S3 (*G. leptotichum @* 3g com stress hídrico durante 0 dias) e não foi observada nenhuma colonização na combinação não micorrízica. **Tabela 4.18.** Influência de fungos AM na colonização por fungos AM (%) de mudas de anonáceas *{Annona squamosa* L.) sob condições hídricas.

Fungos AM (A)	Estado de stress hídrico (S)			
	Si (10 dias)	S₂ (IOdays)	S3 (0 dias)	Média
Ai (*G. fasiculatum @* 3g)	73.24 (58.83)	68.45 (55.81)	76.12 (60.73)	**72.60 (58.46)**
A2 *(G. Ieptotichum @* 3g)	74.78 (59.84)	69.6 (56.56)	78.13 (62.11)	**74.19 (59.50)**
A3 *(G. fasiculatum @* 1,5g + G.	76.45	72.34	80.34	**76.38**

leptotichum @ 1,5g)	(60.95)	(58.25)	(63.67)	**(60.96)**
A4 (Não micorrízico)	0.00 (0.00)	0.00 (0.00)	0.00 (0.00)	**0.00 (0.00)**
Média	**56.12 (44.90)**	**52.61 (42.65)**	**58.65 (46.63)**	

Factores	SE m +		CD a 5%	
Fungos AM (A)	0.38		1.12	
Estado de stress hídrico (S)	0.33		0.97	
Fungos AM (A) X Condição de stress hídrico (S)	0.66		1.93	

(Os números entre parêntesis indicam a transformação angular)

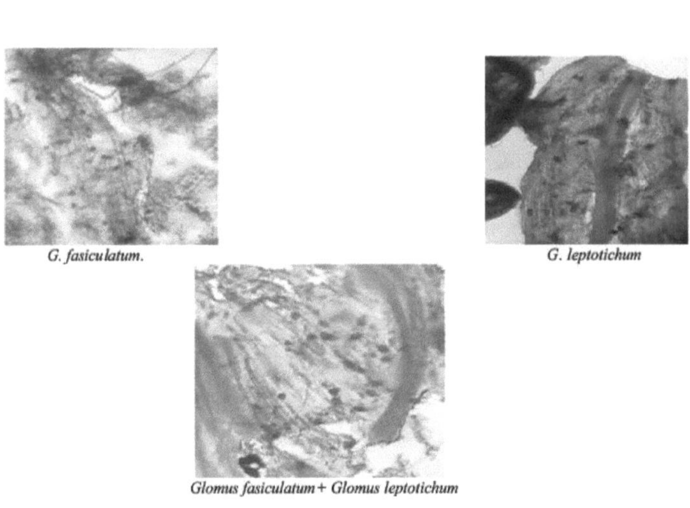

Foto 4.4. Colonização da raiz por fungos AM.

Houve uma diferença significativa entre 10 dias e 20 dias de stress hídrico, o que pode dever-se ao seu impacto negativo na colonização das raízes. O stress hídrico inibiu principalmente a germinação de esporos e o crescimento de hifas (Zhi *et al.*, 2010). Os resultados corroboraram as conclusões de Dutta *et al.* (2015) em plântulas de Jatti katti e Khalvati *et al.* (2010) em cevada.

4.2.2 Parâmetros bioquímicos
4.2.2.1 Clorofila total (mg g^{-1} peso fresco)
Os dados sobre o conteúdo total de clorofila das plântulas foram significativamente influenciados por fungos AM, stress hídrico e a sua interação (Quadro 4.19).

Foi observada uma influência significativa entre os tratamentos com fungos AM e não micorrízicos. Entre os tratamentos com fungos AM, o maior conteúdo de clorofila total (10,22) foi registado em A3 (*G. fasiculatum* @ 1,5g + *G. leptotichum* @ 1,5 g) seguido por A2 - *G. leptotichum* @ 3g (9,70 mg g^{-1}), enquanto o menor (8,75) foi encontrado em A4 (não micorrízico). A maior concentração de conteúdo total de clorofila em plantas inoculadas com micorriza pode ser devida à secreção de substâncias semelhantes à citocinina por fungos (Marks e Kozlowski, 1973), que aumentam o desenvolvimento de cloroplastos. O teor mais elevado de clorofila nas plantas inoculadas com micorriza também pode ser devido à presença de concentrações mais elevadas de nutrientes N (3,34%), Mg (0,21%), Zn (18,52ppm) e Cu (12,73ppm) nos tecidos foliares, influenciando assim a síntese de cloroplastos. Entre os tratamentos de stress hídrico, o stress hídrico durante 0 dias (S3) mostrou um teor máximo (9,89) de clorofila total e o mínimo (8,92) foi registado em S2 (stress hídrico durante 20 dias). O teor total de clorofila diminuiu nas plantas sujeitas a stress hídrico do que nas plantas com água em abundância, o que pode dever-se à ativação de enzimas hidrolíticas e de degradação dos cloroplastos, tal como referido por Gemma *et al.* (1998), e também à falta de fornecimento dos factores necessários para a síntese dos pigmentos dos cloroplastos.

O efeito de interação entre os fungos AM e o stress hídrico influenciou significativamente o conteúdo total de clorofila. A combinação de tratamentos A3S3 (*G. fasiculatum* @ 1.5g + *G. leptotichum* @ 1.5g com stress hídrico durante 0 dias) mostrou o maior conteúdo de clorofila total (10.56) seguido de A2S3 - *G. leptotichum* @ 3g com stress hídrico durante 0 dias (10.34) enquanto que o menor conteúdo de clorofila total (10.56) foi observado em *G. leptotichum* @ 3g com stress hídrico durante 0 dias (10.34).

Tabela 4.19. Influência dos fungos AM no teor de clorofila total (mg g^{1} peso fresco) de plântulas de anoneira {*Annona squamosa* L.) sob condições de stress hídrico.

Fungos AM (A)	Estado de stress hídrico (S)			
	Si (10 dias)	S$_2$ (20 dias)	S3 (0 dias)	Média
Ai (*G. fasiculatum* @ 3g)	9.34	8.45	9.56	**9.11**
A2 *(G. leptotichum* @ 3g)	9.89	8.88	10.34	**9.70**
A3 *(G. fasiculatum* @ 1,5g + G. leptotichum* @ 1,5g)	10.12	9.98	10.56	**10.22**
A4 (Não micorrízico)	8.77	8.37	9.11	**8.75**
Média	**9.53**	**8.92**	**9.89**	
Factores	SE m +		CD a 5%	
Fungos AM (A)	0.08		0.24	

Estado de stress hídrico (S)	0.07	0.21
Fungos AM (A) X Condição de stress hídrico (S)	0.14	0.42

teor de clorofila (8,37) em A4S2 (não micorrízico com 20 dias de stress hídrico). Os presentes resultados estão de acordo com as conclusões anteriores de Bhosale e Shinde (2011) em *Zingiber officinale*, Qiang-Sheng e Ren-Xue (2006) em *Citrus tangerine*.

4.2.2.2 Clorofila "a" (mg g^{-1} peso fresco)

Os dados registados sobre o teor de clorofila 'a' das plântulas foram significativamente influenciados pelos fungos AM, pelo stress hídrico e pela sua interação (Quadro 4.20) Foi observada uma influência significativa entre os tratamentos com fungos AM e não micorrízicos. Entre os tratamentos com fungos AM, o maior teor de clorofila 'a' (9,20) foi registado em A3 (*G. fasiculatum* @ 1,5g + *G.leptotichum* @ 1,5 g seguido de A2 -*G. leptotichum* @ 3g (8,72) enquanto que o menor teor de clorofila 'a' (7,94) foi registado em A4 (não micorrízico). A clorofila a é o pigmento mais abundante do que a clorofila b. O aumento do teor de clorofila a em plântulas inoculadas do que em plântulas não inoculadas pode ser devido à disponibilidade de mais azoto e magnésio nas folhas, o que ajuda na síntese do pigmento clorofila a.

Entre os tratamentos de stress hídrico, o stress hídrico durante 0 dias (S3) apresentou um teor máximo de clorofila 'a' (8,87) e o mais baixo (8,08) foi registado em S2 (stress hídrico durante 20 dias). O teor de clorofila a (8,9%) diminuiu nas plantas S2 (stress hídrico durante 20 dias), o que pode dever-se a um aumento das enzimas hidrolíticas.

Entre as interações, a combinação de tratamento A3S3 (*G. fasiculatum* @ 1,5g + *G. leptotichum* @ 1,5g com estresse hídrico por 0 dias) mostrou o maior teor de clorofila 'a' (9,40) seguido por A2S3 - *G. leptotichum* @ 3g com estresse hídrico por 0 dias (9,22) e menor teor de clorofila 'a' (7,58) em A4S2 (não micorrízico com estresse hídrico por 20 dias). Achados semelhantes foram observados por Dutta *et al.* (2015) em mudas de Jatti katti, Manoharan *et al.* (2010) *Erythrina variegate*.

Tabela 4.20. Influência dos fungos AM no teor de clorofila a (mg g^{1} peso fresco) das plântulas de anoneira {*Annona squamosa* L.) em condições de stress hídrico.

Fungos AM (A)	Estado de stress hídrico (S)			
	Si (10 dias)	S$_2$ (20 dias)	S3 (0 dias)	Média
Ai (*G. fasiculatum* @ 3g)	8.43	7.62	8.59	**8.21**
A2 (*G. leptotichum* @ 3g)	8.90	8.03	9.22	**8.72**
A3 (*G. fasiculatum* @ 1,5g + *G. leptotichum* @ 1,5g)	9.09	9.11	9.40	**9.20**
A4 (Não micorrízico)	7.97	7.58	8.26	**7.94**
Média	**8.60**	**8.08**	**8.87**	
Factores	SE m +		CD a 5%	
Fungos AM (A)	0.07		0.22	
Estado de stress hídrico (S)	0.06		0.19	

Fungos AM (A) X Condição de stress hídrico (S)	0.13	0.38

4.2.2.3 Clorofila "b" (mg g^{-1} peso fresco)

Os dados registados sobre o conteúdo de clorofila 'b' das plântulas foram significativamente influenciados por fungos AM, stress hídrico e a sua interação (Quadro 4.21).

Foi observada uma influência significativa entre os tratamentos com fungos AM e não micorrízicos. Entre os tratamentos com fungos AM, a maior clorofila 'b' (1,02) foi registada em A3 (*G. fasiculatum* @ 1,5g + *G. leptotichum* @ 1,5 g) seguido de A2 -*G. leptotichum* @ 3 g (0,99) enquanto que a menor clorofila b (0,81) foi registada em A4 (não micorrízico). A clorofila b é maior nas plantas tratadas com fungos AM devido à maior disponibilidade de nutrientes que ajudam na síntese de mais pigmentos de clorofila b. Entre os tratamentos de stress hídrico, o stress hídrico durante 0 dias (S3) apresentou um máximo de clorofila 'b' (1,02), enquanto o mais baixo (0,83) em S2 (stress hídrico durante 20 dias). O teor de clorofila b diminuiu (18,63%) no tratamento S2 (stress hídrico durante 20 dias) em relação às plântulas de anona cultivadas em stress hídrico durante 0 dias (S3), o que pode dever-se à atividade catalítica das clorofilas e à degradação dos pigmentos fotossintéticos através da destruição da sua estrutura e da falta de fornecimento dos factores necessários para a síntese dos pigmentos do cloroplasto.

Entre o efeito de interação de fungos AM e estresse hídrico, a combinação de A3S3 (*G. fasiculatum* @ 1,5g + *G.leptotichum* @ 1,5g com estresse hídrico por 0 dias) mostrou maior teor de clorofila 'b' (1,16) seguido por A2S3 - *G. leptotichum* @ 3g com estresse hídrico por 0 dias (1,12) enquanto o menor teor de clorofila 'b' (0,79) foi registrado em A4S2 (não micorrízico com estresse hídrico por 20 dias). Os presentes resultados estão em consonância com os resultados anteriores de Dutta *et al.* (2015) em mudas de Jatti katti, Manoharan *et al.* (2010) *Erythrina variegate.*

4.2.2.4 Teor de prolina (µg g^{-1} peso fresco)

Os dados do quadro 4.22 e da figura 4.8 revelaram uma influência significativa dos fungos AM, do stress hídrico e das suas interacções no teor de prolina das plântulas.

Foi observada uma influência significativa entre os tratamentos com fungos AM e não micorrízicos. Entre os tratamentos com fungos AM, o maior conteúdo de prolina (49,54) foi registado em A4 (não micorrízico) seguido por A1 - *G. fasiculatum* @ 3g (44,07) enquanto o menor conteúdo de prolina (35,94) foi observado em A3 (*G. fasiculatum @*

Tabela 4.21. Influência dos fungos AM no teor de clorofila b (mg g^{1} peso fresco) das plântulas de anoneira {*Annona squamosa* L.) em condições de stress hídrico.

Fungos AM (A)	Estado de stress hídrico (S)			
	Si (10 dias)	S$_2$ (20 dias)	S3 (0 dias)	Média
Ai (*G. fasiculatum* @ 3g)	0.91	0.83	0.97	**0.90**
A2 (*G. Ieptotichum* @ 3g)	0.99	0.85	1.12	**0.99**

A3 *(G. fasiculatum @ 1,5g + G. Ieptotichum @ 1,5g)*	1.03	0.87	1.16	**1.02**
A4 (Não micorrízico)	0.80	0.79	0.85	**0.81**
Média	**0.93**	**0.83**	**1.02**	
Factores	SE m +		CD a 5%	
Fungos AM (A)	0.08		0.25	
Estado de stress hídrico (S)	0.07		0.21	
Fungos AM (A) X Condição de stress hídrico (S)	0.15		0.43	

Tabela 4.22. Influência dos fungos AM no teor de prolina (μg g^1 peso fresco) das plântulas de anoneira *(Annona squamosa* L.) em condições de stress hídrico.

Fungos AM (A)	Estado de stress hídrico (S)			
	Si (10 dias)	S_2 (20 dias)	S3 (0 dias)	Média
Ai (*G. fasiculatum @* 3g)	45.20	51.60	35.40	**44.07**
Ar *(G. Ieptotichum @* 3g)	44.16	49.08	33.10	**42.11**
A3 *(G. fasiculatum @* 1,5g + *G. Ieptotichum @* 1,5g)	36.13	41.76	29.93	**35.94**
A4 (Não micorrízico)	51.67	58.27	38.68	**49.54**
Média	**44.29**	**50.18**	**34.28**	
Factores	SE m +		CD a 5%	
Fungos AM (A)	0.38		1.13	
Estado de stress hídrico (S)	0.33		0.98	
Fungos AM (A) X Condição de stress hídrico (S)	0.67		1.96	

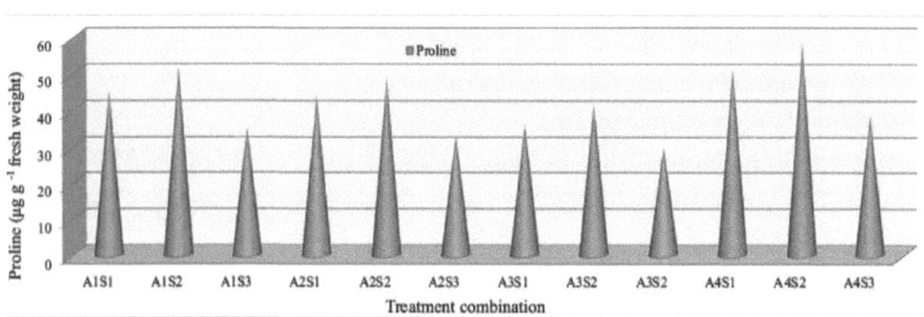

Figura 4.8. Efeito dos fungos AM Teor de prolina (µg g -1 de peso fresco) das plântulas de *anona* (*Annona squamosa* L.) em condições de stress hídrico

A1S1 (*G. fasciculatum* @ 3g+ 10 dias) A2S3 (*G. leptotichum* @ 3g+ 20 dias) A3S1 (*G. fasiculatum* @ 1.5g + *G. leptotichum* @ 1.5g + 0 dias) A1S2 (*G. fasciculatum* @ 3g+ 20 dias) A2S1 (*G. leptotichum* @ 3g+ 0 dias A4S2 (Não micorrízico +10 dias) A1S3 (*G. fasciculatum* @ 3g+ 0 dias) A3S1 (*G. fasiculatum* @ 1.5g + *G. leptotichum* @ 1.5g + 10 dias A4S3 (Não micorrízico +20 dias) A2S2 (*G. leptotichum* @ 3g+ 10 dias) A3S1 (*G. fasiculatum* @ 1.5g + *G. leptotichum* @ 1.5g + 20 dias) A4S1 (Não micorrízico + 0 dias)

1,5 g + *G. leptotichum* @ 1,5 g. O teor de prolina foi menor nas plântulas de anona inoculadas com mycorrihza do que nas plântulas de anona não inoculadas, o que pode ser devido à não experiência de condições de stress através da extração de água pela rápida expansão de hifas fúngicas extra radicais, tal como referido por Vazquez *et al.* (2001) em Medicago sp Entre os tratamentos de stress hídrico, o stress hídrico S2 (stress hídrico durante 20 dias) apresentou um teor máximo (50,18) de prolina e o mais baixo (34,28) foi encontrado em S3 (stress hídrico durante 0 dias). A prolina é um elemento osmorregulador fundamental nas plantas sujeitas a condições de stress hídrico. Em algumas condições, várias plantas produzem uma grande quantidade de prolina para aumentar a osmose e evitar a desidratação. Assim, a quantidade de prolina produzida pode refletir o grau de stress hídrico. Os nossos resultados estão de acordo com as descobertas anteriores em folhas de jujuba selvagem.

O efeito de interação entre os fungos AM e o stress hídrico influenciou significativamente o teor de prolina. A combinação de tratamentos A4S2 (não micorrízico com stress hídrico durante 20 dias) mostrou o maior conteúdo de prolina (58,27) seguido de A4S1 - não micorrízico com stress hídrico durante 10 dias (51,67) e o menor (29,93) foi registado em A3S3 (*G. fasiculatum* @ 1,5g + *G. leptotichum* @ 1,5g com stress hídrico durante 0 dias). . Resultados semelhantes foram relatados por Dutta *et al* (2015) em mudas de Jatti khatti, Yin *et al* (2010) em morango e Qiao *et al.* (2011) em ervilha-de-angola.

4.2.3 Teor de nutrientes nas folhas e nas raízes

4.2.3.1 Azoto (%) na folha e na raiz

A leitura dos dados apresentados no quadro 4.23 indicou que os fungos AM e o stress hídrico tiveram uma influência significativa no teor de azoto (%) na folha e na raiz das plântulas de anona.

Entre os fungos AM, o maior teor de nitrogénio na folha (3,34) e na raiz (0,88) foi registado em A3 (*G. fasiculatum* @ 1,5g + *G. leptotichum* @ 1,5g) seguido de A2 - *G. leptotichum* @ 3 g na folha (3,18) e na raiz (0,85) enquanto o menor teor de nitrogénio na folha (2,53) e na raiz (0,62) foi observado em A4 (não micorrízico).

Tabela 4.23. Influência dos fungos AM no teor de azoto (%) nas folhas e raízes de plântulas de anoneira *{Annona squamosa* L.) em condições de stress hídrico.

Fungos AM (A)	Stress hídrico Condição(ões)							
	Folha				Raiz			
	S_1 (10 dias)	S_2 (20 dias)	S_3 (0 dias)	Média	S_1 (10 dias)	S_2 (20 dias)	S_3 (0 dias)	Média
Ai (*G. fasiculatum* @ 3g)	2.99	2.78	3.34	**3.02**	0.82	0.76	0.89	**0.82**
Ar *(G. leptotichum* @ 3g)	3.12	2.89	3.54	**3.18**	0.85	0.78	0.92	**0.85**
A3 *(G. fasiculatum* @ 1,5g + G. leptotichum* @ 1,5g)	3.23	3.01	3.78	**3.34**	0.87	0.81	0.96	**0.88**
A4 (Não micorrízico)	2.54	2.32	2.74	**2.53**	0.61	0.57	0.67	**0.62**
Média	**2.97**	**2.75**	3.35		**0.79**	**0.73**	**0.86**	
Factores	SE m +		CD a 5%		SE m +		CD a 5%	
Fungos AM (A)	0.02		0.08		0.08		0.22	
Estado de stress hídrico (S)	0.02		0.07		0.07		0.19	
Fungos AM (A) X Condição de stress hídrico (S)	0.05		0.13		0.13		N.S	

Observou-se que o teor de azoto era maior nas folhas e raízes das plântulas de anona inoculadas com fungos AM do que nas plântulas de anona inoculadas com fungos não micorrízicos, o que pode dever-se a uma melhoria na assimilação de azoto através de uma maior atividade das enzimas de assimilação de azoto em comparação com plantas não inoculadas (Ruiz *et al.*, 1996). Este aumento da concentração de azoto pode dever-se à maior atividade dos fungos AM inoculados, que podem melhorar a disponibilidade de nutrientes minerais devido à sua maior solubilidade, ao aumento da superfície da raiz em relação ao volume e à permeação da mancha de hifas para além dos pêlos radiculares explorados. A maior multiplicação de fungos pode também ajudar na conversão de N organicamente ligado para a forma disponível e aumentar a absorção de N (Chauhan, 2008).

Observou-se que o teor de azoto mais elevado na folha (3,35) e na raiz (0,86) foi registado em S3 (stress hídrico durante 0 dias) e o mais baixo (2,75) na folha e na raiz (0,73) em S2 (stress hídrico durante 20 dias).

O teor de azoto nas folhas e raízes foi menor nas plântulas de anona cultivadas no tratamento S2 (stress hídrico durante 20 dias) do que nas plântulas cultivadas no tratamento S3 (stress hídrico durante 0 dias), o que pode dever-se à diminuição das taxas de difusão de azoto no solo quando a humidade do solo se torna limitante (Viets, 1972) e à redução da capacidade das plantas (Dunham e Nye, 1976) e (Turner, 1985) de absorverem azoto em condições de stress hídrico, através da diminuição da condutância estomática, bem como das perdas por transpiração. O efeito da interação entre os fungos AM e o stress hídrico influenciou significativamente o teor de azoto nas folhas das plântulas de anona. A combinação de tratamento A3S3 (*G. fasiculatum* @ 1.5g + *G. leptotichum* @ 1.5g com stress hídrico durante 0 dias) mostrou o maior teor de azoto na folha (3.78) enquanto o menor teor de azoto na folha (2.32) foi observado em A4S2 (não micorrízico com 20 dias de stress hídrico). Não foram observadas diferenças significativas no teor de azoto (%) nas raízes. Resultados semelhantes foram registados por Kaya *et al.* (2003) em melancia (*Citrullus lanatus*).

4.2.3.2 Fósforo (%) na folha e na raiz

O teor de fósforo na folha e na raiz das plântulas foi significativamente influenciado pelos fungos AM, pelo stress hídrico e pela sua interação (Quadro 4.24 e Figura 4.9).

Tabela 4.24. Influência dos fungos AM no teor de fósforo (%) em folhas e raízes de plântulas de anoneira {*Annona squamosa* L.) sob condições de stress hídrico.

Fungos AM (A)	Stress hídrico Condição(ões)							
	Folha				Raiz			
	Si (10 dias)	S$_2$ (20 dias)	S$_3$ (0 dias)	Média	Si (10 dias)	S$_2$ (20 dias)	S$_3$ (0 dias)	Média
Ai (*G. fasiculatum* @ 3g)	0.14	0.11	0.17	**0.14**	0.18	0.17	0.21	**0.19**
Aг (*G. Ieptotichum* @ 3g)	0.15	0.13	0.19	**0.16**	0.19	0.18	0.24	**0.20**
A₃ (*G. fasiculatum* @ 1,5g + *G. Ieptotichum* @ 1,5g)	0.19	0.16	0.25	**0.20**	0.29	0.23	0.31	**0.28**

A4 (Não micorrízico)	0.11	0.09	0.13	**0.11**	0.16	0.13	0.18	**0.16**
Média	**0.15**	**0.12**	**0.18**		**0.20**	**0.18**	**0.23**	
Factores	SE m +		CD a 5%		SE m +		CD a 5%	
Fungos AM (A)	0.03		0.10		0.03		0.10	
Estado de stress hídrico (S)	0.03		0.08		0.03		0.08	
Fungos AM (A) X Condição de stress hídrico (S)	0.06		0.17		0.06		0.17	

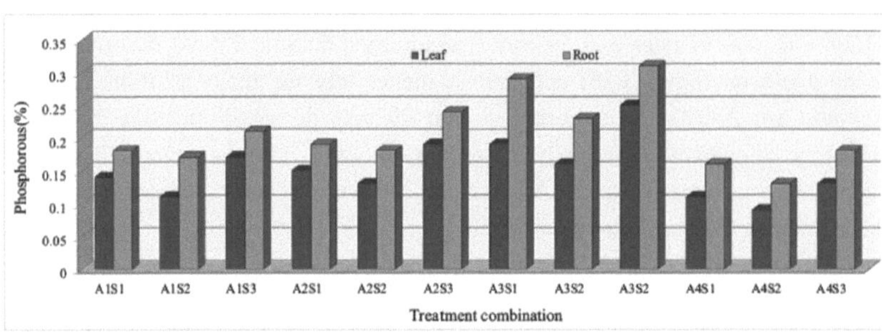

Figura 4.9. Efeito dos fungos AM no teor de fósforo (%) na folha e na raiz de plântulas de anoneira (*Annona squamosa* L.) em condições de stress hídrico.

A1S1 (*G. fasciculatum* @ 3g+ 10 dias) A2S3 (*G. leptotichum* @ 3g+ 20 dias) A3S1 (*G. fasiculatum* @ 1.5g + *G. leptotichum* @ 1.5g + 0 dias) A1S2 (*G. fasciculatum* @ 3g+ 20 dias) A2S1 (*G. leptotichum* @ 3g+ 0 dias A4S2 (Não micorrízico +10 dias) A1S3 (*G. fasciculatum* @ 3g+ 0 dias) A3S1 (*G. fasiculatum* @ 1.5g + *G. leptotichum* @ 1.5g + 10 dias A4S3 (Não micorrízico +20 dias) A2S2 (*G. leptotichum* @ 3g+ 10 dias) A3S1 (*G. fasiculatum* @ 1.5g + *G. leptotichum* @ 1.5g + 20 dias) A4S1 (Não micorrízico + 0 dias)

Foi observada uma influência significativa entre os tratamentos com fungos AM e não micorrízicos. Entre os tratamentos com fungos AM, o maior teor de fósforo na folha (0,20) e na raiz (0,28) foi registado em A3 (*G. fasiculatum @ 1,5g + G. leptotichum @ 1,5 g*) seguido por A2 - *G. leptotichum @ 3 g* nas folhas (0,16) e raízes (0,20), enquanto o menor teor de fósforo na folha (0,11) e na raiz (0,16) foi registado em A4 (não micorrízico).

A absorção de P e a resposta benéfica estavam diretamente relacionadas com a percentagem de raízes infectadas com fungos micorrízicos específicos, tal como referido por Sanders *et al.* (1971). A eficiência da absorção de P foi aumentada em plantas inoculadas com micorriza, o que pode ser devido aos seguintes factores, a saber mudanças morfológicas na planta como evidenciado pelo aumento do comprimento da raiz (30,88cm), fornecimento de área de superfície de absorção adicional ou mais eficiente nas hifas fúngicas como evidenciado por um aumento da percentagem de colonização da raiz (76,38%) com subsequente transferência para a planta hospedeira e capacidade da raiz micorrízica ou hifas fúngicas para utilizar as fontes não disponíveis de P para raízes não micorrízicas (Turner, 1981). As hifas extra-radicais e a elevada atividade da fosfatase ácida podem permitir que as plantas inoculadas absorvam mais nutrientes de fósforo do solo (Wu *et al.*, 2011).

Entre os tratamentos de stress hídrico, o stress hídrico durante 0 dias (S3) mostrou um teor máximo de fósforo na folha (0,18) e na raiz (0,23), enquanto o teor mais baixo de fósforo na folha (0,12) e na raiz (0,18) foi registado em S2 (stress hídrico durante 20 dias).

O teor de P nas folhas e raízes das plântulas de anona cultivadas no tratamento S2 (stress hídrico durante 20 dias) foi inferior ao das plântulas cultivadas no tratamento S3 (stress hídrico durante 0 dias), o que pode dever-se à diminuição das taxas de difusão de P no solo quando a humidade do solo se torna limitante (Viets, 1972) e à redução da capacidade das plantas para absorver P em condições de stress hídrico (Dunham e Nye, 1976) e (Turner, 1985).

O efeito da interação entre os fungos AM e o stress hídrico influenciou significativamente o teor de fósforo nas folhas e raízes das plântulas de anona. A combinação de tratamentos A3S3 (*G. fasiculatum @ 1,5g + G. leptotichum @ 1,5g* com stress hídrico durante 0 dias) mostrou o maior teor de fósforo na folha (0,25) e na raiz (0,31), enquanto o menor teor de fósforo na folha (0,09) e na raiz (0,13) foi observado em A4S3 (não micorrízico com stress hídrico durante 20 dias).

Os resultados estão em estreita conformidade com as observações relatadas por Morte *et al.* (2000) em *Helianthemum almeriense*, Sani e Farahani (2010) em capim-limão.

4.2.3.3 Potássio (%) na folha e na raiz

Os dados registados sobre o teor de potássio na folha e na raiz das plântulas foram significativamente influenciados pelos fungos AM, pelo stress hídrico e pela sua interação (Quadro 4.25).

Foi observada uma influência significativa entre os tratamentos com fungos AM e não micorrízicos. Entre os tratamentos com fungos AM, o maior teor de potássio na folha (0,73) e na raiz (0,58) foi registado em A3 (*G. fasiculatum @ 1,5g + G. leptotichum @*

1,5 g) seguido de A2 - *G. leptotichum* @ 3 g na folha (0,70) e na raiz (0,56) enquanto o menor teor de potássio na folha (0,54) e na raiz (0,43) foi registado em A4 (não micorrízico).

A absorção de nutrientes de potássio foi maior nas plântulas de anona inoculadas com micorriza pode dever-se a uma maior percentagem de colonização da raiz, expansão de hifas fúngicas extra radicais, aumento da atividade metabólica e maior taxa fotossintética que ajudaram as plântulas a desenvolver melhor o sistema radicular que, por sua vez, pode ter aumentado a absorção de K (Yadav *et al.*, 2008).

Entre os tratamentos de stress hídrico, o stress hídrico durante 0 dias (s3) mostrou um teor máximo de potássio na folha (0,72) e na raiz (0,58) e o teor mais baixo de potássio na folha (0,61) e na raiz (0,46) foi registado em S2 (stress hídrico durante 20 dias).

O teor de potássio foi maior nas folhas e nas raízes das plântulas de anona cultivadas no tratamento S3 (stress hídrico durante 0 dias) do que nas plântulas cultivadas no tratamento S2 (stress hídrico durante 20 dias), o que pode dever-se a um aumento da atividade radicular, evidenciado pelo aumento do comprimento das raízes (29,95 cm), a um aumento da difusão dos nutrientes potássicos no solo e também a um aumento da absorção dos nutrientes potássicos pelas plantas através da melhoria da condutância estomática (0,64 m mol m S^{-2-1}), bem como a um aumento das perdas por transpiração.

Tabela 4.25. Influência dos fungos AM no teor de potássio (%) em folhas e raízes de plântulas de anoneira *{Annona squamosa* L.) sob condições de stress hídrico.

Fungos AM (A)	Stress hídrico Condição(ões)							
	Folha				Raiz			
	S_1 (10 dias)	S_2 (20 dias)	S_3 (0 dias)	Média	S_1 (10 dias)	S_2 (20 dias)	S_3 (0 dias)	Média
Ai (*G. fasiculatum* @ 3g)	0.67	0.64	0.73	**0.68**	0.54	0.47	0.59	**0.53**
Ar *{G. Ieptotichum* @ 3g)	0.69	0.65	0.77	**0.70**	0.56	0.49	0.62	**0.56**
A3 *{G. fasiculatum* @ 1,5g + *G. Ieptotichum* @ 1,5g)	0.72	0.67	0.81	**0.73**	0.58	0.51	0.65	**0.58**
A4 (Não micorrízico)	0.54	0.49	0.59	**0.54**	0.43	0.39	0.47	**0.43**
Média	**0.65**	**0.61**	**0.72**		**0.53**	**0.46**	**0.58**	
Factores	SE m +		CD a 5%		SE m +		CD a 5%	
Fungos AM (A)	0.03		0.10		0.03		0.10	
Estado de stress hídrico (S)	0.03		0.08		0.03		0.08	
Fungos AM (A) X Condição de stress hídrico (S)	0.06		0.17		0.06		0.17	

O efeito da interação entre os fungos AM e o stress hídrico influenciou significativamente o teor de potássio nas folhas e raízes das plântulas de anona. A combinação de tratamentos A3S3 (*G. fasiculatum* @ 1,5g + *G. leptotichum* @ 1,5g com stress hídrico de 0 dias) mostrou o maior teor de potássio na folha (0,81) e na raiz

(0,65) e o menor teor de potássio na folha (0,49) e na raiz (0,39) foi obtido em A4S2 (não micorrízico com stress hídrico de 20 dias).

Resultados semelhantes foram registados por Kaya *et al.* (2003) em melancia (*Citrullus lanatus*) e Morte *et al.* (2000) em *Helianthemum almeriense* micropropagado.

4.2.3.4 Cálcio (%) na folha e na raiz

A leitura dos dados apresentados no quadro 4.26 indicou que os fungos AM, o stress hídrico e a sua interação tiveram uma influência significativa no teor de cálcio na folha e na raiz das plântulas.

Entre os tratamentos com fungos AM, o maior teor de cálcio na folha (0,90) e na raiz (0,35) foi registado em A3 (*G.fasiculatum* @ 1,5g + *G. leptotichum* @ 1,5 g) seguido de A2 - *G. leptotichum* @ 3 g na folha (0,84) e na raiz (0,33) enquanto que o menor teor de cálcio na folha (0,72) e na raiz (0,22) foi registado em A4 (não micorrízico).

As hifas externas dos fungos AM são a extensão dos pêlos radiculares que podem ajudar a planta a absorver e translocar nutrientes do solo para a planta hospedeira. Estas hifas externas podem estender-se até vários centímetros. Assim, a área de absorção pode ter aumentado e os maiores volumes do solo foram explorados (Johnson *et al.*, 1984). Esta pode ser a razão para o aumento do teor de Ca nas folhas e raízes das plântulas de anoneira inoculadas.

Entre os tratamentos de stress hídrico, o stress hídrico durante 0 dias (s3) mostrou um teor máximo de cálcio na folha (0,91) e na raiz (0,35) e o teor mais baixo de cálcio na folha (0,77) e na raiz (0,25) foi observado em S2 (stress hídrico durante 20 dias).

O baixo teor de cálcio nas folhas e raízes das plântulas de anona cultivadas no tratamento S2 (stress hídrico durante 20 dias) do que as plântulas de anona

Tabela 4.26. Influência dos fungos AM no teor de cálcio (%) na folha e na raiz de plântulas de anoneira {*Annona squamosa* L.) sob condições de stress hídrico.

Fungos AM (A)	Stress hídrico Condição(ões)							
	Folha				Raiz			
	S_1 (10 dias)	S_2 (20 dias)	S_3 (0 dias)	Média	S_1 (10 dias)	S_2 (20 dias)	S_3 (0 dias)	Média
Ai (*G. fasiculatum* @ 3g)	0.77	0.75	0.84	**0.80**	0.30	0.25	0.34	**0.30**
Ar *(G. leptotichum @ 3g)*	0.81	0.79	0.92	**0.84**	0.32	0.27	0.39	**0.33**
A3 *(G. fasiculatum @ 1,5g + G. leptotichum @ 1,5g)*	0.91	0.88	1.11	**0.90**	0.35	0.29	0.42	**0.35**
A4 (Não micorrízico)	0.71	0.66	0.78	**0.72**	0.21	0.19	0.25	**0.22**
Média	**0.80**	**0.77**	**0.91**		**0.30**	**0.25**	**0.35**	
Factores	SE m +		CD a 5%		SE m +		CD a 5%	
Fungos AM (A)	0.07		0.21		0.03		0.09	
Estado de stress hídrico (S)	0.06		0.18		0.03		0.07	
Fungos AM (A) X Condição de stress hídrico (S)	0.12		0.37		0.05		0.15	

O aumento do consumo de água no tratamento S3 (stress hídrico durante 0 dias) pode dever-se à redução do crescimento radicular, da atividade radicular, da difusão do nutriente cálcio através do solo devido à baixa humidade do solo, da redução da absorção pelas plantas através da diminuição da condutância estomática, bem como das perdas por transpiração.

O efeito da interação entre os fungos AM e o stress hídrico influenciou significativamente o conteúdo de cálcio nas folhas e raízes das plântulas de anona. A combinação de tratamento A3S3 (*G. fasiculatum* @ 1.5g + *G. leptotichum* @ 1.5g com stress hídrico durante 0 dias) mostrou o maior conteúdo de cálcio na folha (1.11) e na raiz (0.42) onde o menor conteúdo de cálcio na folha (0.66) e na raiz (0.19) foi registado em A4S2 (não micorrízico com stress hídrico durante 20 dias).

As hifas externas dos fungos AM são a extensão dos pêlos radiculares que ajudam a planta a absorver e a translocar nutrientes do solo para o hospedeiro. Estas hifas externas estendem-se até vários centímetros. Assim, a área de absorção aumentou e um maior volume de solo foi explorado (Johnson *et al.*, 1984). Esta pode ser a razão para o aumento do conteúdo de cálcio nas folhas e raízes das plântulas inoculadas com fungos AM. Os resultados estão de acordo com as conclusões de Wu e Xia (2006) em citrinos.

4.2.3.4 Magnésio (%) na folha e na raiz

Os dados apresentados na tabela 4.27 indicaram que os fungos AM e o stress hídrico tiveram uma influência significativa no conteúdo de magnésio na folha e na raiz das plântulas.

Entre os tratamentos com fungos AM, o maior teor de magnésio na folha (0,21) e na raiz (0,70) foi registado em A3 (*G. fasiculatum* @ 1,5g + *G.leptotichum* @ 1,5 g) seguido de A2 - *G. leptotichum* @ 3g na folha (0,18) e na raiz (0,61) enquanto o menor teor de cálcio na folha (0,13) e na raiz (0,47) foi registado em A4 (não micorrízico).

O teor de nutrientes de magnésio foi maior nas plântulas de anona inoculadas com uma combinação de fungos AM do que nas plântulas de anona inoculadas com fungos não micorrízicos. Isto pode dever-se ao aumento da área de superfície da raiz através da expansão das hifas externas.

Tabela 4.27. Influência dos fungos AM no teor de magnésio (%) em folhas e raízes de plântulas de anoneira *{Annona squamosa* L.) sob condições de stress hídrico.

Fungos AM (A)	Stress hídrico Condição(ões)							
	Folha				Raiz			
	S_1 (10 dias)	S_2 (20 dias)	S_3 (0 dias)	Média	S_1 (10 dias)	S_2 (20 dias)	S_3 (0 dias)	Média
Ai (*G. fasiculatum* @ 3g)	0.14	0.11	0.21	**0.15**	0.53	0.43	0.65	**0.54**
Ar *(G. Ieptotichum* @ 3g)	0.16	0.13	0.24	**0.18**	0.59	0.47	0.78	**0.61**
A3 *(G. fasiculatum* @ 1,5g + *G. Ieptotichum* @ 1,5g)*	0.19	0.15	0.29	**0.21**	0.65	0.48	0.98	**0.70**
A4 (Não micorrízico)	0.13	0.07	0.19	**0.13**	0.48	0.35	0.59	**0.47**

Média	0.16	0.11	0.23		0.56	0.43	0.75	
Factores	SE m +		CD a 5%		SE m +		CD a 5%	
Fungos AM (A)	0.04		0.1		0.06		0.16	
Estado de stress hídrico (S)	0.03		0.1		0.05		0.14	
Fungos AM (A) X Condição de stress hídrico (S)	0.07		N.S		0.10		0.29	

Entre os tratamentos de stress hídrico, o stress hídrico durante 0 dias (s3) mostrou um teor máximo de magnésio na folha (0,23) e na raiz (0,75) e o teor mais baixo de magnésio na folha (0,11) e na raiz (0,43) foi registado em S2 (stress hídrico durante 20 dias).

O teor de magnésio era baixo nas folhas e nas raízes das plântulas de anona cultivadas no tratamento S2 (stress hídrico durante 20 dias) do que no tratamento S3 (stress hídrico durante 0 dias), o que pode dever-se à redução do crescimento das raízes, à atividade das raízes, à difusão do nutriente magnésio através do solo devido à baixa humidade do solo, à redução da absorção pelas plantas através da diminuição da condutância estomática, bem como às perdas por transpiração.

Não foram observadas diferenças significativas no efeito da interação entre os fungos AM e o stress hídrico no teor de magnésio nas folhas das plântulas de anona. O efeito da interação entre os fungos AM e o stress hídrico influenciou significativamente o teor de magnésio nas raízes das plântulas de anoneira. A combinação de A3S3 (*G. fasiculatum* @ 1.5g + *G. leptotichum* @ 1.5g com stress hídrico durante 0 dias) mostrou o maior teor de magnésio nas raízes (0.98) enquanto que o menor teor de magnésio nas raízes (0.35) foi registado em A4S2 (não micorrízico com 20 dias de stress hídrico). Resultados semelhantes foram registados por Wu e Xia (2006) em citrinos.

4.2.3.5 Cobre (ppm) na folha e na raiz

O teor de cobre na folha e na raiz das plântulas variou significativamente devido à influência dos fungos AM e do stress hídrico. (Tabela 4.28)

Entre os tratamentos com fungos AM, o maior teor de cobre na folha (12,73) e na raiz (16,55) foi registado em a3 (*G. fasiculatum* @ 1,5g + *G. leptotichum* @ 1,5 g) seguido de a2 *G. leptotichum* @ 3 g na folha (12,56) e na raiz (15,95), enquanto o menor teor de cobre na folha (8,94) e na raiz (13,73) foi registado em a4 (não micorrízico).

O teor de cobre foi maior nas folhas e raízes das plântulas de anona inoculadas com fungos AM do que nas plântulas de anona inoculadas com fungos não micorrízicos. Os fungos micorrízicos podem melhorar a mobilidade do cobre nutrido no solo e fornecido às plantas hospedeiras através da expansão de

Tabela 4.28. Influência dos fungos AM no teor de Cobre (ppm) na folha e na raiz de plântulas de anoneira *{Annona squamosa* L.) sob condições de stress hídrico.

Fungos AM (A)	Stress hídrico Condição(ões)							
	Folha				Raiz			
	S₁ (10	S₂ (20	S₃	Média	S₁ (10	S₂ (20	S₃	Média

	dias)	dias)	(0 dias)		dias)	dias)	(0 dias)	
Ai (*G. fasiculatum* @ 3g)	12.11	11.19	13.23	**12.18**	15.68	14.17	16.78	**15.54**
Aг *(G. leptotichum* @ 3g)	12.45	11.76	13.45	**12.56**	16.05	14.67	17.13	**15.95**
A3 *(G. fasiculatum* @ 1,5g + *G. leptotichum* @ 1,5g)	12.78	11.98	13.76	**12.73**	16.78	14.98	17.89	**16.55**
A4 (Não micorrízico)	8.91	8.01	9.89	**8.94**	13.96	13.01	14.18	**13.73**
Média	**11.48**	**10.74**	**12.58**		**15.62**	**14.21**	**16.49**	
Factores	SE m +		CD a 5%		SE m +		CD a 5%	
Fungos AM (A)	0.10		0.3		0.14		0.40	
Estado de stress hídrico (S)	0.09		0.26		0.12		0.35	
Fungos AM (A) X Condição de stress hídrico (S)	0.18		N.S		0.24		0.69	

hifas extra-radicais. Estas hifas extra-radiculares permitem a exploração de maiores volumes de solo e concentram os iões mais perto dos pêlos radiculares, reduzindo assim a distância de difusão. (Turner, 1985)

Entre os tratamentos de stress hídrico, o stress hídrico durante 0 dias (s3) registou o teor máximo de cobre na folha (12,58) e na raiz (16,49) e o teor mais baixo de cobre na folha (10,74) e na raiz (14,21) em S2 (stress hídrico durante 20 dias).

O teor de cobre foi baixo nas folhas e nas raízes das plântulas de anona cultivadas no tratamento S3 (stress hídrico durante 20 dias) do que no tratamento S1 (stress hídrico durante 0 dias), o que pode dever-se à redução do crescimento das raízes, à atividade das raízes, à mobilidade do nutriente cobre através do solo devido à baixa humidade do solo, à redução da absorção pelas plantas através da diminuição da condutância estomática, bem como às perdas por transpiração.

Não foi observada diferença significativa entre as interacções no conteúdo de cobre nas folhas, enquanto que foi observada diferença significativa na raiz. A combinação de tratamentos A3S3 (*G. fasiculatum* @ 1.5g + *G. leptotichum* @ 1.5g com stress hídrico durante 0 dias) mostrou o maior teor de cobre na raiz (17.89) enquanto que o menor (13.01) foi observado em A4S2 (não micorrízico com stress hídrico durante 20 dias).

Os resultados estão em estreita conformidade com as conclusões de Bhuiyan (2015) sobre o tomate e de Wu e Xia (2006) sobre os citrinos.

4.2.3.6 Zinco (ppm) na folha e na raiz

Os dados apresentados no quadro 4.29 indicam que os fungos AM e o stress hídrico tiveram uma influência significativa, enquanto a sua interação registou uma influência não significativa no teor de zinco na folha e na raiz das plântulas.

Entre os tratamentos com fungos AM, a3 (*G. fasiculatum* @ 1,5g + *G. leptotichum* @ 1,5 g) mostrou o maior teor de zinco na folha (18,52) e na raiz (20,19), seguido por a2 - *G. leptotichum* @ 3 g na folha (18,37) e na raiz (19,85), enquanto o menor teor na folha (13,78) e na raiz (17,26) foi registado em a4 (não micorrízico).

Entre os tratamentos de stress hídrico, o stress hídrico durante 0 dias (s3) mostrou o teor máximo de zinco na folha (17,76) e na raiz (19,89), enquanto o teor mais baixo de zinco na folha (16,66) e na raiz (18,63) foi observado em S2 (stress hídrico durante 20 dias). Não

Tabela 4.29. Influência dos fungos AM no teor de zinco (ppm) na folha e na raiz de plântulas de anoneira *{Annona squamosa* L.) sob condições de stress hídrico.

Fungos AM (A)	Stress hídrico Condição(ões)							
	Folha				Raiz			
	S_1 (10 dias)	S_2 (20 dias)	S_3 (0 dias)	Média (A)	S_1 (10 dias)	S_2 (20 dias)	S_3 (0 dias)	Média
Ai (*G. fasiculatum @* 3g)	18.20	17.67	18.70	**18.19**	19.59	19.13	20.12	**19.61**
Aг *(G. Ieptotichum @* 3g)	18.32	17.89	18.89	**18.37**	19.93	19.18	20.43	**19.85**
A3 *(G. fasiculatum @* 1,5g + *G. Ieptotichum @* 1,5g)	18.45	17.98	19.12	**18.52**	20.01	19.32	21.23	**20.19**
A4 (Não micorrízico)	13.89	13.11	14.34	**13.78**	17.12	16.89	17.77	**17.26**
Média	**17.22**	**16.66**	**17.76**		**19.16**	**18.63**	**19.89**	
Factores	SE m +		CD a 5%		SE m +		CD a 5%	
Fungos AM (A)	0.15		0.45		0.17		0.49	
Estado de stress hídrico (S)	0.13		0.39		0.15		0.43	
Fungos AM (A) X Condição de stress hídrico (S)	0.26		N.S		0.29		N.S	

Foi observada uma diferença significativa entre as interacções no teor de zinco na folha e na raiz. A concentração de zinco foi aumentada nas plantas inoculadas. Isto pode ser devido ao aumento do comprimento da raiz. O aumento do comprimento da raiz aumentou a área de superfície, o que ajuda na absorção de mais água e nutrientes. As observações estavam em estreita conformidade com os resultados de Bhuiyan (2015) em tomate e Wu e Xia (2006) em citrinos.

Capítulo V

RESUMO E CONCLUSÃO

Um conjunto de duas experiências foi conduzido para compreender o papel de diferentes espécies de fungos AM *viz.*, *G. fasiculatum*, *G. leptotichum* e a sua combinação no crescimento, absorção de nutrientes, adaptações morfológicas, fisiológicas e bioquímicas da *anona* (*Annona squamosa* L.). Os principais resultados do estudo estão resumidos neste capítulo.

5.1 EXPERIÊNCIA I

Efeito dos fungos AM no crescimento e na absorção de nutrientes de plântulas de anoneira (*Annona squamosa* L.)

A experiência foi organizada num esquema de blocos completamente aleatórios (CRD), compreendendo 4 tratamentos com 5 repetições. Os resultados mais importantes no que respeita ao crescimento e à absorção de nutrientes das plântulas estão resumidos abaixo.

Entre os parâmetros de crescimento, T3 (*G. fasiculatum* @ 1.5 g+ *G. leptothicum* @1.5 g) registou valores significativamente mais elevados no que diz respeito à altura das plântulas (19.27, 27.61, 38.98, 45.67 e 53.17 cm) , número de folhas (11.88, 16.38, 19.23, 22.34 e 25.12), diâmetro do caule (3.65, 4.42, 4.85, 5.45 e 6.13 mm), comprimento da raiz (17.03, 21.97, 26.56, 31.78 e 36.87 cm), número de raízes (57.14, 60.12, 65.32, 71.34 e 89.31) aos 70, 90, 110, 130, 150 DAS respetivamente. Altura mínima da plântula (13.35, 18.58, 22.89, 28.45, 33.89 cm), menor número de folhas (8.48, 12.67, 15.12, 17.98 e 19.78), diâmetro mínimo do caule (2.25, 2.90, 3.34, 3.89 e 4.04), comprimento mínimo da raiz (7.94, 10.89, 14.45, 17.67, 21.34), menor número de raízes (29.56, 33.45, 38.12,42.31 e 50.34) foram registados no tratamento T4 (não micorrízico) aos 70, 90, 110, 130, 150 DAS respetivamente.

Registou-se uma maior acumulação de biomassa*, ou seja,* peso fresco do rebento (4,36, 6,13, 7,87, 9,56 e 12,24 g), peso fresco da raiz (2,20, 3,89, 4,98, 5,67 e 6,56 g), peso seco do rebento (2.01, 3.21, 4.13, 5.32 e 6.63 g), peso seco da raiz (0.75, 1.45, 2.34, 3.12 e 3.98 g) foram registados em T3 (*G. fasiculatum* @ 1.5 g+ *G. leptothicum* @1.5 g) onde a menor acumulação de biomassa em termos de peso fresco do rebento (2.09, 2.89, 3.67, 4.34 e 5.93 g), peso fresco da raiz (1.12, 1.67, 2.01, 2.45 e 3.45 g), menor peso seco do rebento (0.86, 1.47, 2.23, 2.79 e 3.11 g) , peso seco da raiz (0.25, 0.45, 0.98, 1.25 e 1.67 g) foi reportado em T4 (não micorrízico) aos 70, 90, 110, 130 e 150 DAS respetivamente.

O conteúdo mais alto de clorofila total (mg g^{-1}) (8.91, 9.56, 10.74, 11.00 e 12.16) foi reportado em T3 (*G. fasiculatum* @ 1.5 g + *G. leptotichum* @ 1.5 g) onde o conteúdo mais baixo de clorofila (mg g^{-1}) (6.75, 7.89, 8.50, 9.09 e 9.74) foi reportado em T4 (não micorrízico) aos 70, 90, 110, 130 e 150 DAS respetivamente.

A maior razão raiz/parte aérea (0.37, 0.45, 0.56, 0.58 e 0.60) foi observada em T3 (*G. fasiculatum* @ 1.5 g + *G. leptotichum* @ 1.5 g) e a menor razão raiz/parte aérea (0.30, 0.31, 0.36, 0.38 e 0.41) foi relatada em T4 (não micorrízico) aos 70, 90, 110, 130 e

150 DAS respetivamente. A dependência micorrízica (%) foi maior (173, 201, 208, 221 e 250) em T3 (*G. fasiculatum @ 1.5 g + G. leptotichum @ 1.5g*) e nenhuma dependência micorrízica foi observada em T4 (não micorrízico) .

A maior absorção de nutrientes (%) N (1,61), P (0,23), K (0,56) foi registada em (*G. fasiculatum @ 1,5 g + G. leptotichum @ 1,5g*) e a menor absorção de nutrientes (%) N (0,79), P (0,13) e K (0,35) foi observada no tratamento T4 (não micorrízico).

5.2 EXPERIÊNCIA II

Adaptação morfológica, fisiológica, bioquímica e teor de nutrientes de plântulas de anoneira (*Annona squamosa* L.) inoculadas com fungos AM em condições de stress hídrico

A experiência foi desenhada num esquema fatorial de blocos completamente aleatorizados (FCRD), compreendendo doze combinações de tratamentos com três repetições e dois factores, *nomeadamente,* fungos AM em 4 níveis e stress hídrico em 3 níveis. Os resultados obtidos com a experiência estão resumidos a seguir.

Entre os parâmetros morfológicos e fisiológicos, A3 (*G. fasiculatum @ 1.5g + G. leptotichum @ 1.5 g*) registou o maior comprimento de raiz (30.88cm), taxa fotossintética (8.96 μ mol m s^{-2-} 1), condutância estomática (0.58 m mol m s^{-2-} 1), conteúdo relativo de água (90.73%) e colonização por fungos AM (76.38%)

Entre os tratamentos de stress hídrico, o maior comprimento de raiz (29,95 cm), a taxa fotossintética (9,76 μ mol m s^{-2-} 1), a condutância estomática (0,64 m mol m s^{-2-} 1), o conteúdo relativo de água (91,55%) e a colonização por fungos AM (58,65%) foram registados em S3 (stress hídrico durante 0 dias).

Entre as interacções, A3S3 (*G. fasiculatum @ 1.5g + G. leptotichum @ 1.5g* com stress hídrico durante 0 dias) mostrou o maior comprimento de raiz (36.88cm), taxa fotossintética (10.35 μ mol m s^{-2-1}), condutância estomática (0.82 m mol m s^{-2-1}), conteúdo relativo de água (93.61%) e colonização por fungos AM (80,34%), enquanto que entre os tratamentos com fungos AM o menor comprimento de raiz (18,63 cm), taxa fotossintética (6,22 μ mol m s^{-2-1}), condutância estomática (0,28 m mol m s^{-2-1}), conteúdo relativo de água (82,65%) e nenhuma colonização por fungos AM foi registada em A4 (não micorrízico).

Entre os tratamentos de stress hídrico S2 (stress hídrico durante 20 dias) registou o menor comprimento de raiz (22,29 cm), taxa fotossintética (6,60 μ mol m s^{-2-1}), condutância estomática (0,31 m mol m s^{-2-1}), conteúdo relativo de água (83,47%) e colonização por fungos AM (52,61%).

Entre as interacções, o comprimento de raiz mais baixo (15,89 cm), a taxa fotossintética (4,97 μ mol m s^{-2-1}), a condutância estomática (0,19 m mol m s^{-2-1}), o teor relativo de água (79,50%) e a ausência de colonização foram registados em A4S2 (não micorrízico com stress hídrico durante 20 dias).

Entre os parâmetros bioquímicos A3 (*G. fasiculatum @ 1.5g + G. leptotichum @ 1.5 g*) registou o teor mais elevado de clorofila total (10.22 mg g^{-1}) clorofila 'a'(9.20 mg g^{-1}) clorofila 'b' (1,02 mg g^{-1}) e o teor mínimo de clorofila total (8,75 mg g^{-1}), clorofila 'a' (7,94 mg g^{-1}), clorofila 'b' (0,81 mg g^{-1}) foi encontrado em A4 (não micorrízico).

Entre o stress hídrico S3 (stress hídrico durante 0 dias), verificou-se um teor máximo de clorofila total (9,89 mg g^{-1}), clorofila "a" (8,87 mg g^{-1}), clorofila "b" (1.02 mg g^{-1}) e o teor mais baixo de clorofila total (8,92 mg g^{-1}), clorofila 'a' (8,08 mg g^{-1}), clorofila 'b' (0,83 mg g^{-1}) foi registado em S3 (stress hídrico durante 20 dias), a combinação de tratamentos A3S3 (*G. fasiculatum* @ 1.5g + *G. leptotichum* @ 1.5g com stress hídrico durante 0 dias) mostrou a maior clorofila total, (10.56 mg g^{-1}), clorofila a (9.40 mg g^{-1}), clorofila b (1.16 mg g^{-1}) e o menor teor de clorofila total (8,37 mg g^{-1}), clorofila 'a' (7,58 mg g^{-1})' e clorofila 'b' (0,79 mg g^{-1}), foi registado em A4S2 (não micorrízico com 20 dias de stress hídrico). O conteúdo de prolina foi registado mais alto (49,54 µg g^{-}1) em A4 (não micorrízico), enquanto o conteúdo mais baixo de prolina (35,94 µg g^{-1}) foi observado em A3 (*G. fasiculatum* @ 1,5g + *G. leptotichum* @ 1,5g).

Entre os tratamentos de stress hídrico, o S2 (stress hídrico durante 20 dias) apresentou um teor máximo (50,18 µg g^{-1}) de prolina e o teor mais baixo (34,28 µg g^{-1}) de prolina foi registado no S3 (stress hídrico durante 0 dias). Entre as combinações de tratamento A4S2 (não micorrízico com stress hídrico durante 20 dias) apresentou o teor mais elevado de prolina (58,27 µg g^{-1}) e o mais baixo (29,93 µg g^{-1}) encontrado em A3S3 (*G. fasiculatum* @ 1,5g + *G. leptotichum* @ 1,5g com stress hídrico durante 0 dias).

Entre os tratamentos com fungos AM, A3 (*G. fasiculatum* @ 1.5g + *G. leptotichum* @ 1.5 g) registou o maior N na folha (3.34%) e na raiz (0.88%), P na folha (0.20%) e na raiz (0.28%), K na folha (0,73%) e na raiz (0,58%), Ca na folha (0,90%) e na raiz (0,35%), Mg na folha (0,21%) e na raiz (0,70%), Cu na folha (12,73 ppm) e na raiz (16,55 ppm) e Zn na folha (18.Nos tratamentos de stress hídrico S3 (stress hídrico durante 0 dias), verificou-se um máximo de N na folha (3,35%) e na raiz (0,86%), P na folha (0,18%) e na raiz (0.23%), K na folha (0,72%) e na raiz (0,58%), Ca na folha (0,91%) e na raiz (0,35%), Mg na folha (0,23%) e na raiz (0,75%), Cu na folha (12,58 ppm) e na raiz (16,49 ppm) e Zn na folha (17.76 ppm) e na raiz (19.89 ppm) nas combinações de tratamento A3S3 (*G. fasiculatum* @ 1.5g + *G. leptotichum* @ 1.5g com stress hídrico durante 0 dias) mostrou maior N na folha (3.78%), P na folha (0,25%) e na raiz (0,31%), K na folha (0,81%) e na raiz (0,65%), Ca na folha (1,11%) e na raiz (0,42%), Mg na raiz (0,98%) e Cu na raiz (17.89 ppm) enquanto que entre os tratamentos com fungos AM o N mais baixo na folha (2,53%) e na raiz (0,62%), P na folha (0,11%) e na raiz (0,16%), K na folha (0,54%) e na raiz (0,43%), Ca na folha (0.72%) e na raiz (0,22%), Mg na folha (0,13%) e na raiz (0,47%), Cu na folha (8,94ppm) e na raiz (13,73 ppm) e Zn na folha (13,78 ppm) e na raiz (17,26 ppm) registados em A4 (não micorrízico). Nos tratamentos de stress hídrico S2 (stress hídrico durante 20 dias) registou-se um máximo de N na folha (2,75%) e na raiz (0,73%), P na folha (0,12%) e na raiz (0,18%), K na folha (0,61%) e na raiz (0.46%), Ca na folha (0,77%) e na raiz (0,25%), Mg na folha (0,11%) e na raiz (0,43%), Cu na folha (10,74ppm) e na raiz (14,21 ppm) e Zn na folha (16,66 ppm) e na raiz (18,63 ppm). Nas combinações de tratamento A4S2 (não micorrízico com stress hídrico durante 20 dias) registou-se o menor N na folha (2,32%), P na folha (0,09%) e na raiz (0,13%), K na folha (0,49%) e na raiz (0,39%), Ca na folha (0,66%) e na raiz (0,19%), Mg na raiz (0,35%), Cu na raiz (13,01 ppm). Entre as interacções foram observados resultados não significativos em N (raiz), Mg (folha), Cu (folha) e Zn (folha e raiz).

Conclusão

A aplicação combinada de *G. fasiculatum* e *G. leptotichum* @ 1,5g cada no meio de envasamento no momento da sementeira registou um desempenho superior das plântulas de anona em termos de parâmetros de crescimento e absorção de nutrientes em relação a outros tratamentos, incluindo os não micorrízicos. Também apresentou resultados superiores no que diz respeito ao conteúdo morfológico, fisiológico, bioquímico e de nutrientes em mudas de anoneira com seis meses de idade sob condições de stress hídrico do que em outros tratamentos com fungos AM e tratamentos não micorrízicos.

Futuro ramo de atividade

1. É necessário efetuar experiências a longo prazo para explorar os benefícios máximos dos fungos AM e normalizar a dose da sua aplicação.

2. Estudos sobre o efeito de fungos AM específicos de diferentes géneros no crescimento e na absorção de nutrientes em diferentes culturas frutícolas.

3. Estudos sobre o efeito de espécies específicas de fungos AM juntamente com fertilizantes inorgânicos em diferentes culturas de frutas.

4. Estudos sobre a influência de fungos AM específicos de géneros e espécies no crescimento, rendimento e qualidade de culturas frutícolas em condições de stress salino e hídrico.

5. Estudos sobre a influência dos fungos AM em terrenos baldios problemáticos para a horticultura de sequeiro.

LITERATURA CITADA

Aguilar, A. C, Alba, C, Montilla, M. e Barea. J.M. 1993. Evidência isotópica da utilização de formas de N menos disponíveis pelas micorrizas VA. *Symbiosis* 15:39-48.

Ames, R.N, Reid, C.P.P, Porter, L.K. e Cambardella, C. 1983. Captação de hifas e transporte de azoto de duas fontes marcadas com 15N por Glomus mosseae, um fungo micorrízico vesicular arbuscular. *New Phytology.* 95:381-96.

Anónimo, 2021. Area and production of horticultural crops.2nd Adavance Estimate. DAC&FW, Ministério da Agricultura e do Bem-Estar dos Agricultores, Nova Deli.200-205.

Arnon, D.I.1949.Enzimas de cobre em cloroplastos isolados e polifenoloxidase em Beta vulgaris. *Plant Physiology.* 24(1): 1-15.

Aseri, G. K. e Rao, A. V. (2005). Significado dos biofertilizantes no crescimento e produção de romã na zona árida da Índia. *Udyanika.* 11(1): 5-9.

Auge, R.M, Schekel, K.A, e Wample, R.L. 1986. Greater leaf conductance of well-watered VA mycorrhizal rose plants is not related to phosphorus nutrition. *New Phytology.* 103(8): 107-116.

Azcon, A. e Bago, B.1994, Características fisiológicas da planta hospedeira que promovem um funcionamento sem perturbações da simbiose micorrízica. *Impact of Arbuscular Mycorrhizas on Sustainable Agriculture and Natural Ecosystems* .4(7): 47-60.

Bagheri, V, Shamshiri,M, Alaei, H. e Salehi,H. 2018. Efeito de três espécies de fungos micorrízicos arbusculares no crescimento e absorção de nutrientes na planta Zinnia sob condições de estresse hídrico. *Jornal de Produções Vegetais.* 41(4):2-5.

Balakrishna e Bagyaraj, D.J. 1994. Seleção de fungos micorrízicos arbusculares vesiculares eficientes para inocular o porta-enxerto de manga da cultivar Nekkare. *Scientia Horticulture.* 59(1): 69-73.

Bates, L.S, Waldren, R.D. e Teare, I.D. 1973. Determinação rápida de prolina livre para estudos de stress hídrico. *Plant and Soil.* 39(3): 205-07.

Bhosale, K.S. e Shinde B.P. 2011. Influência dos fungos micorrízicos arbusculares no teor de prolina e clorofila em *Zingiber officinale* Rose cultivada sob stress hídrico. *Jornal Indiano de Ciências da Vida Fundamentais e Aplicadas.* 1 (3): 172-76.

Bhuiyan, M.A.H. 2015. Resposta de diferentes fontes de micorriza arbuscular em mudas de tomate. *Boletim do Instituto de Agricultura Tropical, Universidade de Kyushu.* 38(1):1-8.

Bolan, N.S, Robson, A.D. e Barrow. N.J. 1987. Efeitos da micorriza vesicular-arbuscular na disponibilidade de fosfatos de ferro para as plantas. *Plant Soil* 99(2):401-10

Bopaiah, B.M. e Khader, K.B.A. 1989. Efeito dos biofertilizantes no crescimento da pimenta preta (*Piper nigrum* L.). *Indian Journal of Agricultural Science.* 59(2):682-83.

Borah, A. S, Nath, A, Ray, A. K, Bhat, R, Maheswarappa, H. P, Subramanian, P,

Dileep, M, Sudhakara, K, Santhoshkumar, A. V, Nazeema, K. K. e Ashokan, P. K. 1994. Efeito do tamanho da semente, meio de enraizamento e fertilizantes no crescimento de mudas de algodão de seda (*Ceiba pentandra* L.). *Indian Journal of Forestry*. 17(4): 293-300.

Boyer, L.R, Feng, W, Gulbis, N, Hajdu, K, Richard, J, Harrison, R.J, Jeffries, P. e Xu, X. 2014. O uso de fungos micorrízicos arbusculares para melhorar a produção de morango em substrato de coco. *Ciência vegetal de fronteira*. 7(1): 124556.

Chandrababu, R. e Shanmugam, N. 1983. Estudos preliminares sobre a interação entre micorrizas vesiculares arbusculares e plântulas de citrinos em Periyankulum. *South Indian Horticulture*. 31(1): 25-26.

Chauhan, A. 2008. Estudos sobre a gestão integrada de nutrientes na ameixeira (*Prunus salicina* L.) cv. santa rosa. *Tese de doutoramento*. Universidade de Horticultura e Silvicultura Dr. YS Parmar, Nauni, Solan, Índia.

Chen, S, Zhao, H, Zou, C, Li, Y, Chen, Y, Wang, Z, Jiang, Y, Liu, A, Zhao, P, Wang, M. e Ahammed, G.J. 2017. A inoculação combinada com múltiplos fungos micorrízicos arbusculares melhora o crescimento, a absorção de nutrientes e a fotossíntese em mudas de pepino. *Fronteiras em Microbiologia*. 8(3):2516.

Clapperton, M.J. e Reid, M.D. 1992. Uma relação entre o crescimento das plantas e o aumento da densidade do inóculo micorrízico VA. *New phytologist*. 120(2):227- 32

Crafts, C.B. e Miller, C.O. 1974. Deteção e identificação de citocininas produzidas por fungos micorrízicos. *Plant Physiology*. 54: 586-88.

Davies, F.T, Jimenez,Y.C. e Duray,S.A. 1987. Micorrizas, corretivos do solo, relações hídricas e crescimento de Rosa multiflora sob regimes de irrigação reduzida. *Ciência da Horticultura*. 33(2):261- 67.

Declerk, S, Devos, B, Delvaux, B. e Plenchette, C. 1994. Resposta do crescimento de bananeiras micropropagadas à inoculação com VAM. *Fruits Paris*. 49(2): 103-09.

Dell, J, Torrecillas, A, Rodriguez, P, Morte, A. e Sanchezblanco, M. J. 2002. Respostas de plantas de tomate associadas ao fungo micorrízico arbuscular *Glomus clarum* durante a seca e a recuperação. *Journal of Agricultural Sciences*. 138 (4):387-93.

Dixon, R.K, Garrett, R.E. e Cox, C.S. 1988. Citocininas no exsudato de pressão radicular de *Citrus jambhiri* Lush. Colonizado por micorrizas vesiculares-arbustivas. *Fisiologia das árvores*. 4(1): 9-18.

Dunham, R.J. e Nye, P.H. 1976. A influência do teor de água do solo na absorção de iões pelas raízes. *Journal of plant ecology*.13(4):967-984.

Dutta, S, Sharma, S.D. e Kumar,P. 2013. Inoculação de mudas de damasco com fungos micorrízicos arbusculares indígenas na fertilização ideal de fósforo para atributos de crescimento de qualidade. *Jornal de nutrição vegetal*. 36(1): 15-31.

Dutta, S.K , Patel, V.B, Viswanathan. C, Singh S.K, e Singh, A.K. 2015. Adaptação fisiológica e bioquímica de mudas de *Citrus jambhiri* (Jattikhatti) inoculadas com fungos micorrízicos arbusculares (AMF) sob condições de estresse por déficit hídrico. *Horticultura Progressiva*. 47(2):229-36.

Edward, C.A. e Lofty, J.R. 1980. Effects of VAM inoculation upon the root growth of direct cereal. *Journal of Applied Ecology.* 17(3):533-43.

Eftekhari, N.M, Hoda, A. e Gomaa, A.M. 2010. Grape vine Growth Green Yield and its Ouality as Influenced by the Application of Bio-organic Farming System. *Jornal de Investigação em Ciências Aplicadas.* 1(5): 380-85

Game, B.C. e Navale, A.M. 2006. Efeito da inoculação de VAM na absorção de azoto e fósforo por plântulas de anona. *Revista Internacional de Ciências Agrícolas.* 2(2): 354-55.

Gardiner, D.T. and Christensen, N. W. 1991.Pear seedling responses to phosphorus, fumigation and mycorrhizal inoculation. Journal of Horticultural Science. 66(1):775-80.

Gemma, J.N, Koske, R.E, Roberts, E.M. e Hester, S. 1998. Resposta da inoculação de Taxus media var. densiformis com fungos micorrízicos arbusculares. *Canada Journal of Forest Research.* 28(1):150-53.

George, A.P. e Nissen, R. J. 1993. Annonaceous Fruits. *Academic Press*, Londres, 195-99.

Giao, N.S. e Nham, N.T. 1988. Estudo sobre o uso de micorrizas no viveiro para a produção de mudas de pinheiro de melhor qualidade. *Mycorrhizae for green Asia.* 274-75.

Goicoechea, N, Antolin, M.C. e Sanchez-diaz, M. 1995. As trocas gasosas estão relacionadas com o equilíbrio hormonal em alfafa micorrízica ou IiitiOgeii-Ikxiiig submetida à seca. *Physiology of Plantae.* 100(2): 989-97.

Graw, D. 1979. A influência do pH do solo na eficiência da micorriza vesicular-arbuscular. *New Phytology.* 82(3):687-95.

Hall, T. J. 1988. As espécies de pastagem são adequadas para a revegetação de solos graníticos degradados da área de treino militar de Hervey Range no Norte de Queensland. *Tropical Grassland.* 22 (2): 68-72.

Hardie, K. 1985. Effect of pot-cultureage on spore germination in Glomus mosseae. *Mycorrhizae.* 4(1):379.

Heald, W.R. 1965. Ca e Mg. Em métodos de análise do solo, parte 2. *Agronomia.* 9(1): 999-1010.

Ianson, D. C. e Linderman, R. G. 1991. Variação nas interacções de estirpes micorrízicas VA com Rhizobium em ervilha-de-angola. *Beltsville Symposia in Agricultural Research.* 14(2): 371-72.

Jackson, M.L. 1973. Análise química do solo. *Publicação Prentice Hall.* New Delhi. 485.

Jayachandran, K, Schwab, A.P. e Hetrick. B.A.D. 1992. Mineralização de fósforo orgânico por fungos micorrízicos vesiculares-arbustivos. *Biologia do Solo Bioquímica.* 24:897-903.

Jiang,W, Gou,G. e Ding,Y. 2013. Influências de fungos micorrízicos arbusculares no crescimento e absorção de elementos minerais de mudas de bambu híbrido chenglu.*Pakistan Journal of Botany.* 45(1): 303-10.

Jinying, L.U, Min, L.I.U, Yongmin, M.A.O. e Lianying,L.U. 2007. Efeitos de micorrizas vesiculares-arbustivas na resistência à seca de mudas de jujuba selvagem (*Zizyphus spinosus*). *Fronteiras da Agricultura na China*. 1(4): 468-71.

Johnson, C.R., Jarrell, W.M. e Menge, J.A. 1984. Influência da relação amónio-nitrato e do pH da solução na infeção micorrízica, no crescimento e na composição de nutrientes de Chrysanthemum morifolium var. Circus. *Plant Soil*. 77(1):151-57.

Johnson, C.R. e Hummel, R.L. 1985. Influence of mycorrhizae and drought stress on growth of poncirus x citrus seedlings. *Horticultural Science*. 20(1): 754-55.

Joolka, N.K, Singh, R.R. e Sharma, M. 2004. Influência de biofertilizantes, GA3 e suas combinações no crescimento de mudas de noz-pecã. *Indian Journal ofHorticulture*. 61(3): 226-28.

Kamble, S.R, Navale, A.M. e Sonawane, R.B. 2010. Response of Mango Seedlings to VA-Mycorrhizal Inoculation (Resposta de mudas de manga à inoculação com micorrizas VA). *Revista Internacional de Proteção das Plantas*. 2(2): 161-64.

Karagiannidis, N, Nikolaou, N. e Matthou, A. 1995. Influência de três espécies micorrízicas VA no crescimento e na absorção de nutrientes de três porta-enxertos de videira e de uma cultivar de uva de mesaVitis. *Review of Plant Pathlogy*. 34(2): 85-89.

Kaushik, A, Dixon, R.K. e Mukerji, K.G. 1992. Relação micorrízica vesiculararbuscular de Propis julifora e fitomorfologia de Zizyphus jujube. *Scientia Horticulture*. 42(1-2): 133- 37.

Kaya, C, Higgs, D, Kirnak, H. e Tas, I. 2003. A colonização micorrízica melhora a produção de frutos e a eficiência do uso da água na melancia (*Citrullus lanatus* Thunb.) cultivada em condições de boa rega e de stress hídrico. *Plant and Soil*. 253(8): 287-92.

Khade, W.S. e Rodrigues, B.F. 2009. Estudos sobre a micorrização arbuscular da papaia. *African Crop Science Journal*. 17(3):155-65.

Khalvati, M, Bartha, B, Dupigny, A. e Schroder, P. 2010. A associação micorrízica arbuscular é benéfica para o crescimento e a desintoxicação de xenobióticos da cevada sob stress hídrico. *Journal of Soils Sediments*. 10(2): 54-64

Kumar, A, Ram, R.B, Meena, M.L, Raj, U. e Anand, A.K. 2014. Efeito de biofertilizantes nas características nutricionais em mudas de aonla e plantas enxertadas. *Revista internacional de ciência e natureza*.5(3) :258-60

Kumar, C.D, Rajendran, K, Lobo, R. e Annie, S. 2005. Um perfil farmacognóstico baseado na identidade do folium *Annona squamosa*. *Ciências de Produtos Naturais*. 11(4): 213-19.

Lin, C.H. e Chang, D.C.N. 1987. Efeito de três fungos endomicorrízicos *Glomus* no crescimento de plântulas de bananeira micropropagadas. *Transacções da Sociedade Micológica da República da China*. 2(1): 37-45.

Maksoud, M.A, Haggag, L.F, Azzazy, M.A. e Saad, R.N. 1994. Efeito da inoculação de VAM e da aplicação de fósforo no crescimento e no teor de nutrientes (P & K) das plântulas de *Tamarindus indica* L. *Aunnals of Agricultural Science*. 39(1): 355-63.

Mamta, Dash, D, Gupta, S.B. e Deole, S. 2017. Efeito da gestão integrada de nutrientes no crescimento e na absorção de nutrientes na papaia (*Carica papaya* L.) ao nível do viveiro. *Journal of Pharmacognosy and Phytochemistry*. 6(5):522- 27.

Manjunath, V.G, Patil, G.P, Swamy, G.S.K. e Patil, P.B. 2001. Efeito de diferentes fungos micorrízicos VA no parâmetro de crescimento da papaia cv. Sunset Solo. *Jornal da Universidade Agrícola de Maharashtra.* 26(3): 269-71.

Manoharan, P.T, Gomathinayagam ,S. e Vellasamy,S. 2010. Influência dos fungos AM no crescimento e no estado fisiológico de Erythrina variegata Linn. cultivada sob diferentes condições de stress hídrico. *Jornal Europeu de Biologia do Solo.* 46(2):151-56.

Martin, R.M. 2017. A elasticidade da folha de rosa muda em resposta à colonização micorrízica e aclimatação à seca *Physiologial Planatarum*. 370(2):175- 82.

Mathews, D, Hegde, R. V. e Sreenivasa, M. N. 2003. Influência das micorrizas arbusculares no vigor e crescimento de bananeiras micropropagadas durante a aclimatação. *Karnataka Journal of Agricultural Sciences*. 16(1): 438-42.

Mathur, N. e Vyas, A. 2000. Influence of arbuscular mycorrhizae on biomass production, nutrient uptake and physiological changes in *Ziziphus mauritiana* Lam. under water stress. *Journal of Arid Environments*. 45(1): 191-95.

Mazzitelli, M. e Schubert, A. 1990. Efeito de vários endófitos VAM e substratos artificiais na propagação in vitro de *Vitis berlandierix rupestris*. *Agriculture, Ecosystem and Environment*. 29(1): 284-93.

Menge, J.A, Davis, R.M, Johnson, E.L.U. e Zentmeyer, G.A. 1978. Os fungos micorrízicos aumentam o crescimento e reduzem as lesões de transplante em abacateiros. *California Agriculture*. 32(2): 6-7.

Miller, O. 1971. Produção de citocinina por fungos micorrízicos. *Mycorrhizae*. 4(2): 168-174.

Morte, A, Lovisolo, C. e Schubert, A. 2000. Efeito do stress da seca no crescimento e nas relações hídricas da associação micorrízica *Helianthemum almeriense*. *Mycorrhiza*. 10(4):115-19.

Mosse B. (1981). Avanços no estudo da micorriza arbuscular vesicular. *Annual Review of Phtopathology*.11(1): 171-98.

Nagarajappa, A, Patil, C. P, Swamy, G.S.K. e Patil, P.B. 2003. Influência do VAM na tolerância à seca da papaia. *Karnataka Journal of Agricultural Sciences*. 16: 434-37.

Nelson, C. E., & Safir, G. R. (1985). Aumento da tolerância à seca de plantas micorrízicas de cebola causada por uma melhor nutrição de fósforo. *Plantae Scientia* . 154(2): 407-13.

Nurlaeny, N. Marschner, H. e George. E. 1996. Efeitos da calagem e da colonização micorrízica na depleção de fosfato do solo e na absorção de fosfato pelo milho (Zea mays L.) e pela soja (Glycine max L.) cultivados em dois solos ácidos tropicais. *Plant Soil*. 181:275-85.

Oijha, S, Chakraborty, M.R, Dutta, S. e Chatterjee, N.C. 2008. Influência do VAM na absorção de nutrientes e no crescimento da anona. *Revista asiática de ciências biológicas experimentais*.22(3): 221-24.

Olesen,T. e Muldoon,S.J. 2012. Efeitos da desfoliação no desenvolvimento da flor na anoneira atemoya (*Annona cherimola* Mill ,*A. squamosa* .L.) e implicações para a modelação do desenvolvimento da flor. *Australian Journal of Botany* . 60(2):160.

Ortas.I, Sari.N, Yetisir.H. e Akpinar.A. 2011. Triagem de espécies de micorriza para crescimento de plantas, absorção de P e Zn em mudas de pimenta cultivadas em condições de estufa. Scientia *Horticulturae.* 128 (1): 92-98.

Padma, T.M.R. 1988.Efeito da interação entre micorrizas VA e níveis graduais de fósforo no crescimento da papaia (*Carica papaya*). *Tese de Mestrado (Agri.),* Universidade Agrícola de Tamil Nadu, Coimbatore.

Panneerselvam, P. e Saritha, B. (2017). Influência de fungos AM e suas bactérias associadas na promoção do crescimento e aquisição de nutrientes na produção de mudas de sapota enxertadas. *Jornal de Ciências Aplicadas e Naturais* .9(1): 621 -25.

Panse, V.G. e Sukhatma, P.V. 1985. *Statistical methods for agricultural workers.* ICAR, Nova Deli.145-55.

Parra, M. Prager, M. e Sieverding, E. 1990. Efeito das micorrizas vesiculares arbusculares no café (*Coffea arabica* L.) cultivar Colômbia no viveiro. *Ata Agronomica.* 40(1): 88-89.

Phillips, J.M. e Hayman, D.S. 1970. Procedimento melhorado para a limpeza e coloração de fungos micorrízicos arbusculares parasitas e vesiculares para uma avaliação rápida da infeção. *Transação da British Mycology Society.* 55(4): 158-61

Piper, C. S. 1966. *Soil and Plant Analysis.* Academic press, Nova Iorque.367.

Qi, G.H, Xi, R.T, Ding, P.H, Gao, K.X, Wang, G.Y. e Du, G.Q. 2000. Efeito da inoculação de fungos micorrízicos VA na absorção de água e utilização de plântulas de macieira cultivadas in vitro. *Hebei Journal For Orchard Research.* 15(2): 135-38.

Qiang-Sheng, W. e Ren-Xue, X. 2006. Os fungos micorrízicos arbusculares influenciam o crescimento, o ajustamento osmótico e a fotossíntese dos citrinos em condições de boa rega e de stress hídrico. *Journal of Plant Physiology.* 163(1): 417-25.

Qiao, G, Wen, X.P, Yu, L.P. e Ji, X.B. 2011. O aumento da tolerância à seca para a ervilha-de-angola inoculada por fungos micorrizas arbusculares. *Planta Solo Meio Ambiente.* 57(12): 541-546.

Raj, H, Sharma, S.D. 2009. Integração da solarização do solo e da esterilização química com microrganismos benéficos para o controlo da podridão branca das raízes e o crescimento da maçã em viveiro. *Scientia Horticulturae.*119(2) :126-31.

Ramirez, B.N, Mitchell, D.J. e Schenck, N.C.1975.Estabelecimento e efeitos de crescimento de três fungos vesículo-arbusculares em papaia. *Mycologia* .67(2): 1039-41.

Reena, J. e Bagyaraj, D.J. 1990. Estimulação do crescimento de *Tamarindus indica* por fungos micorrízicos VA seleccionados. *Jornal Mundial de Microbiologia e Biotecnologia.* 6(1): 59-63.

Rocha, M.R.DA, Correa, G.C. e Oliveira, E.D.E. 1994. Efeito da infeção micorrízica vesicular-arbuscular e da adubação com fósforo em porta-enxertos de tangerineira Cleópatra. *Pesquisa-Agropecuaria Brasileria,* 30(10): 1253-58.

Ruiz,J.M, Azcon R, Gomez, M. 1996. Efeitos de espécies de Glomus micorrízicas arbusculares na tolerância à seca: respostas fisiológicas e nutricionais das plantas. *Microbiologia Ambiental Aplicada.* 61(2):456-60.

Rupnawar, B.S. e Navale, A.M. 2000. Effect of VA-mycorrhizal inoculation on growth of pomegranate layers. *Jornal da Universidade Agrícola de Maharashtra.* 25(1): 44-46.

Sanders, F.E, Berch, S.M. e Tinker, P.B., 1971, Mechanism of absorption of phosphate from soil by ndogone mycorrhizas. *Nature Journal.* 233: 278-79.

Sangita, S.W, Surendra, R.P. e Arvind, M.S. 2016. Efeito de biofertilizantes no crescimento de mudas de limão Rangpur. *O Jornal Asiático de Horticultura.* 11(1): 36-39.

Sani, B. e Farahani, H.A. 2010. Efeito de P2O5 em coentros induzido por AMF sob stress de défice hídrico. *Journal of Ecology and the Natural Environment.* 2(4) 52-58.

Santhosh, M.N, Delauney, A.J. e Verma, D.P.S. 2004.Effect of VAM on growth in mango seedlings. *Plant Journal.* 4:215-23.

Shanmugam, N, Chandrababu, R. e Thalamuthu, C. 1981. Estudos sobre a resposta da lima ácida (*Citrus aurantifolia* Swing.) às micorrizas vesiculares arbusculares. *Current Science.*50(17): 772-73.

Sharda, K. W. e Rodrigues, B. F. 2009. Estudos sobre a Micorrização Arbuscular da Papaia. *African Crop Science Journal.* 17(3): 155 - 65.

Sharma, S. D, Kumar, P, Singh, S. K. e Patel, V. B. (2009). Fungos AM indígenas e Azotobacter e sua triagem de mudas de citros em diferentes níveis de aplicação de fertilizantes inorgânicos. *Indian Journal of Horticulture.*66(2): 183-89.

Shirsath, K.S, Wani, P.V. e Konde, B.K. 1998. Desenvolvimento e desempenho de mudas micorrízicas em Ber (*Zizypus mauritiana* L.). *Jornal da Universidade de Agricultura de Maharashtra.* 23(1): 4-6.

Singh, C, Saxena, S.K, Goswami, A.M, Sharma, R.R. e Singh, C. 2000. Efeito dos fertilizantes no crescimento, rendimento e qualidade da laranja doce (*Citrus sinensis*) cv. Mosambi. *Indian Journal of Horticulture.* 57(2): 114-17.

Sivaprasad, P.Sulochana, K.K. and Nair, S.K.1990.Comparative efficiency of different VA-mycorrhizal fungi on cassava (*Manihot esculenta* Crantz.). *Journal for Root Crops.* 16(1): 39-40.

Slankis, V. 1975. Hormonal relationships in mycorrhizal development. *Em Ectomycorrhizae*, Revista académica. 2(5):231-98.

Smith, S.E. e Gianinazzi,V. 1988. Interações fisiológicas entre simbiontes em plantas micorrízicas vesículo-arbustivas. *Revisão Anual de Fisiologia Vegetal.* 39(2): 221-44.

Sonawane, R.B, Konde, B.K. e Wani, P.V. 1997. Simbiose entre variedades de videira e fungos micorrízicos VA. *Journal of Maharashtra Agrilcultural University.* 22(2): 181-83.

Subramanian, K.S. e Charest. C. 1997. Respostas nutricionais, de crescimento e reprodutivas do milho (*Zea mays* L.) à inoculação micorrízica arbuscular durante e após o stress da seca no afilhamento. *Mycorrhiza.* 7(2): 25-32.

Sukhada, M. 1988. Resposta da papaia (Carica papaya Cv. Coorg Honey Dew) à inoculação com fungos micorrízicos. *Mycorrhizae for Green Asia.* 2(3): 260-61.

Sukhada, M. 1992. Efeito da inoculação de VAM no crescimento das plantas, nível de nutrientes e atividade da fosfatase radicular na papaia (*Carica papaya* cv. Coorg Honey Dew). *Investigador.* 31(1): 263-67.

Tarafdar, J.C. e H. Marschner. 1994. Eficiência das hifas VAM na utilização de fósforo orgânico por plantas de trigo. *Soil Science Plant Nutrition.* 40:593-600.

Thaker, M. e Jasrai, Y. (2002). Aumento do crescimento da banana micropropagada (*Musa paradisiaca*) com o simbionte VAM. *Plant Tissue Culture.* 12(3): 14754.

Thakur, J.S, Sharma, Y.P. e Lakhanpal, T.N. 2005. Mycorrhizal inoculation and mineral status of apple (*Malus domestica* B.) Journal of Mycology Plant Pathology. 35(2): 58-63.

Thilagar, G. Bagyaraj, D. e Rao.M.S. 2016. Consórcios microbianos seleccionados desenvolvidos para o frio reduzem a aplicação de fertilizantes químicos em 50% em condições de campo. *Scientia Horticulturae.* 198(2):27-35.

Timmer, L.W. e Leydan, R.F.1978. Atrofiamento de mudas de citros no Texas e sua correção por fertirrigação com fósforo e inoculação com fungos micorrízicos. *Journal of American Society for Horticultural Science.* 103(2): 53337.

Toro, M, Azcon, R. e Herrera, R. 1996. Efeitos do rendimento e da nutrição de Pueraria phaseoloides micorrízica e nodulada exercidos por rizobactérias que sublimam P. *Biology of Fertilty Soils.* 21:23-29.

Traquair, J.A. e Berch, S.M. 1988. Colonização de raízes de pessegueiro por fungos micorrízicos vesículo-arbusculares indígenas. *Canadian Journal of Plant.* 68(3): 893-98.

Taurner, L.B.1981.Técnicas e abordagens experimentais para a medição do estado da água nas plantas. *Planta e solo.* 53(1):333-66.

Turner, N.C. 1985. Alterações no teor de fósforo na planta durante o stress hídrico. *Jornal de fisiologia vegetal.* 121:429-439.

Vazquez, M.M, Azcon, R, Barea,E. J.M. 2001. Compatibilidade de fungos micorrízicos em Medicago sps. sob seca. *Ciência das plantas.*161:445-66.

Viets, F.C. 1972. Défice hídrico e stress de nutrientes. *Jornal de fisiologia vegetal.* 92(2): 225-78.

Villafane,V.E. Munoz, F.J.E. e Torres, H.R. 1989. O efeito de fungos micorrízicos em dois porta-enxertos de citrinos: limão bruto Citrus jambhiri e tangerina cleopatra *Citrus reshini. Ata Agronomica Universidad de Colombia.* 39(3): 159-71.

Vinayak, K. e Bagyaraj, D.J. 1990. Seleção de fungos micorrízicos VA eficientes para a laranja trifoliada. *South Indian Horticulture.* 6(2): 305-11.

Weatherley, P.E. 1950. Estudos sobre a relação hídrica das plantas de algodão e medição no terreno dos défices hídricos nas folhas. *New Physiology.* 49(1): 81-97.

Wen-Ying, L. e H. Xian-Gui .1989.Dependência micorrízica de vários tipos de plantas. *Ata Botânica.* 31(2):721- 25.

Wu, O. S, Li, G. H. e Zou, Y. N. 2011. Papel dos fungos micorrizais arbusculares no crescimento e na aquisição de nutrientes do pêssego (*Prunus persica* L. Batsch). *Journal of Animal and Plant Science*. 21(4): 746-750.

Wu, Q.S. e Xia, R.X. 2006. Efeitos de micorrizas arbusculares no crescimento e na tolerância à seca do trifoliate (*Poncirus trifoliate*) em condições de solo não esterilizado. *Journal of Fruit Science*. 21(4): 315-18.

Yadav, D.K, Pathak, A. e Yadav, A.L. 2008. Effect of intergrated nutrient management on physio chemical attributes of phalsa (*Grewia subinequalis* D.C.). *Arquivos de Plantas*. 8(1):461-63.

Yin, B, Wang, Y, Liu, P, Hu, J.e Zhen, W. 2010. Efeitos da micorriza vesicular-arbuscular no sistema de proteção das folhas de morango sob stress hídrico. *Frontier Agricultural China*. 4(2): 165-169.

Zhang, Y. Zhong, C.L, Chen, Y, Chen, Z, Jiang, Q.B, Wu ,C. e Pinyopusarerk, K. 2010. Melhoria da tolerância à seca de mudas de *Casuarina equisetifolia* por micorrizas arbusculares em condições de estufa. *New Forests*. 40(4): 261-74.

Zhi, H, Zhirong, Z, He, C, He, Z, Zhang, Z. e Li.J. 2010. Respostas fisiológicas e fotossintéticas de mudas de melão (*Cucumis melo L.)* a três espécies de Glomus sob déficit hídrico. *Plant Soil*. 339(4):391-99.

Apêndice

Dados meteorológicos semanais registados na Faculdade de Horticultura, Venkataramannagudem, West Godavari, Andhra Pradesh, durante o período de dezembro de 2021 a maio de 2022.

S. Não.	Semana (2021-22)	Temperatura (°C)		Humidade relativa (%)		Precipitação (mm)
		Máximo	Mínimo	Máximo	Mínimo	
1	17th Dez-22th Dez	25.00	23.00	100.00	82.00	0.00
2	23th Dez-30th Dez	27.00	25.00	100.00	84.00	0.00
3	31th Dez- 6th Jan	27.00	25.00	100.00	82.00	0.00
4	07th Jan-13th Jan	27.00	25.00	100.00	89.00	0.00
5	14th Jan-20th Jan	27.00	25.00	100.00	79.00	0.00
6	21st Jan-27th Jan	30.31	20.31	100.00	62.14	0.00
7	28th Jan- 03rd Fev	30.24	17.56	100.00	53.29	0.00
8	04th Fev- 10th Fev	30.73	19.06	100.00	53.57	0.00
9	11th Fev-17th Fev	30.99	19.34	100.00	51.14	0.00
10	18th Fev-24th Fev	32.03	20.59	100.00	58.29	0.00
11	25th Fev-27th Fev	33.21	21.56	100.00	57.36	0.00
12	28th Fev- 06th Mar	32.00	20.00	100.00	48.93	0.00
13	7th Mar- 13th Mar	30.00	24.00	100.00	52.98	0.00
14	14th Mar-20th Mar	25.00	23.00	100.00	82.00	0.00
15	21st Mar-27th Mar	27.00	25.00	100.00	84.00	0.00
16	28th Mar-03rd Abr	27.00	25.00	100.00	82.00	0.00
17	04th Abr-10th Abr	27.00	25.00	100.00	89.00	0.00
18	11th Abr-17th Abr	27.00	25.00	100.00	79.00	0.00
19	18th Abr-24th Abr	28.00	27.00	100.00	83.00	0.00
20	25th Abr-01st maio	29.00	26.00	100.00	75.00	0.00
21	02nd maio-08th maio	36.00	32.00	100.00	62.00	3.53
22	09th maio-15th maio	37.00	27.00	100.00	64.00	2.59
23	16th maio-22nd maio	37.00	31.00	100.00	54.00	1.79

I want morebooks!

Buy your books fast and straightforward online - at one of world's fastest growing online book stores! Environmentally sound due to Print-on-Demand technologies.

Buy your books online at
www.morebooks.shop

Compre os seus livros mais rápido e diretamente na internet, em uma das livrarias on-line com o maior crescimento no mundo! Produção que protege o meio ambiente através das tecnologias de impressão sob demanda.

Compre os seus livros on-line em
www.morebooks.shop

Printed by Books on Demand GmbH, Norderstedt / Germany